U0258754

又见猛犸象

基因剪刀重新定制生命

WOOLLY

[美]本·莫兹里奇（Ben Mezrich）著
陈述斌 陈学斌 译

中信出版集团·北京

图书在版编目（CIP）数据

又见猛犸象：基因剪刀重新定制生命 /（美）本·莫兹里奇著；陈述斌，陈学斌译．-- 北京：中信出版社，2018.7

书名原文：Woolly

ISBN 978-7-5086-9096-4

Ⅰ．①又… Ⅱ．①本… ②陈… ③陈… Ⅲ．①猛犸象－普及读物 Ⅳ．① Q959.845-49

中国版本图书馆 CIP 数据核字 (2018) 第 131103 号

又见猛犸象：基因剪刀重新定制生命

著　　者：［美］本·莫兹里奇
译　　者：陈述斌　陈学斌
出版发行：中信出版集团股份有限公司
　　　　　（北京市朝阳区惠新东街甲 4 号富盛大厦 2 座　邮编　100029）
承 印 者：北京通州皇家印刷厂

开　　本：880mm × 1230mm　1/32　　印　　张：9.75　　字　　数：168 千字
版　　次：2018 年 7 月第 1 版　　印　　次：2018 年 7 月第 1 次印刷
京权图字：01-2018-4347　　广告经营许可证：京朝工商广字第 8087 号
书　　号：ISBN 978-7-5086-9096-4
定　　价：59.00 元

谨以此书献给亲爱的亚瑟和艾莉亚，
他们会在猛犸象随处可见的
世界里长大。

作者说明

《又见猛犸象——基因剪刀重新定制生命》是基于对多位当事人的采访，以及查阅大量资料后创作出的一部非虚构类科普作品。出于保护个人隐私的需要，我更改了某些故事的背景、描述方法和人物关系。根据参与者的回忆、各式日记、可公开的科研资料，以及新闻报道，我将复活情节和人物对话重现出来，尽可能地还原当时的情况，并着重描绘了发生在多年前的那些场景。

译者说明

在本书中，哈佛大学丘奇实验室的“复活者”团队，以及其他试图复活猛犸象的科研团队，在复活过程中都用到了一种非常关键且强大的技术——CRISPR/Cas9 基因编辑技术。CRISPR 技术在业界被称为“基因剪刀”，这种强大的技术可快速而且高效地对包括精子、卵子在内的活体细胞中的脱氧核糖核酸（DNA）序列进行修剪、切断、替换或添加。新技术精度高、成本低，而且操作简单，让基因编辑的“门槛”大幅降低。

目 录

第一部分

每当我的生活处于闲散状态时，就会有一种熟悉的感觉，仿佛自己
来自未来世界，又正活在过去，这个想法有些疯狂！
——乔治·丘奇

第二部分

诗人看到美丽的花会怦然心动，大肆赞美它的多彩艳丽，但他的眼睛却找不到花的木质部分、韧皮部分、花粉、繁殖千代的花种，以及它们数十亿年前的形态，只有科学家才能掌握和了解这一切。

——乔治·丘奇

第三部分

我希望实验室里的成员低龄化，这样我们就可以一起做梦，

再一起实现这些梦想。他们觉得一切皆有可能。

——乔治·丘奇

第四部分

科学家们对科学充满了信心。科学是一件益事，是一种信仰。

我们对此并不确信，也许几百万年之后也无法确定。

——乔治·丘奇

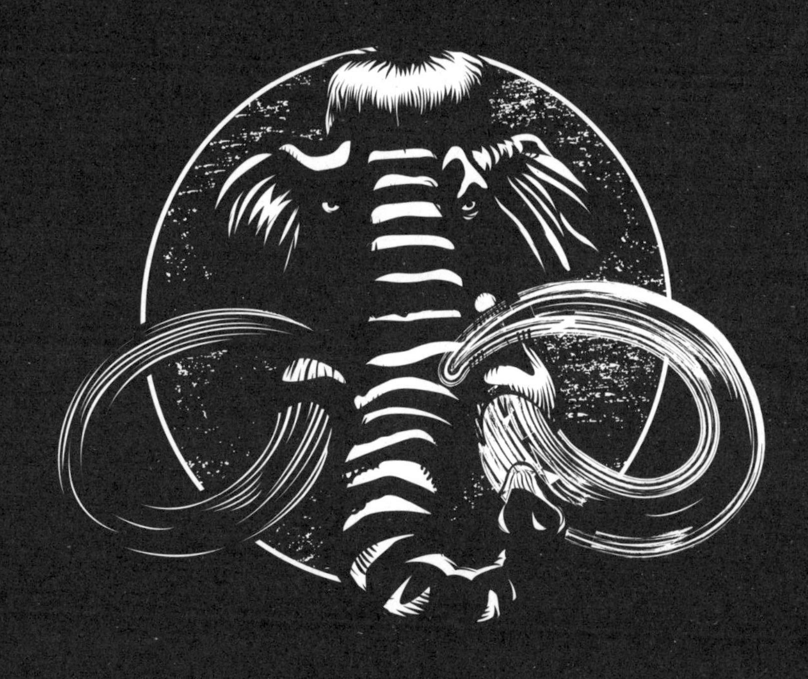

第一部分

每当我的生活处于闲散状态时，就会有一种熟悉的感觉，仿佛自己来自未来世界，又正活在过去。这个想法有些疯狂！

——乔治·丘奇

生物科技带来的回报是巨大的——治愈疾病、消除贫困、创造安然的晚年，听着可比脸书社交有意思得多。

——乔治·丘奇

01

猛犸象的消亡

TIME：3000 年前……

AD：弗兰格尔岛

在距离西伯利亚海岸 90 英里（约 144.84 公里）开外的地方，一座约 80 英里（约 128.75 公里）宽的小岛从北冰洋海底探出水面。小岛主要由火山岩、碎石，以及永久性冻土构成，常年疾风冷雨冲刷留下的痕迹让人不由得对大自然的力量产生敬畏。浓雾笼罩着绵延不尽的灰色海岸线，将小岛与世隔绝，空气中弥漫着海浪不断拍击浮冰溅起的泡沫，一切显得寂静而神秘。

凌晨 5：00 刚过，小象在朦胧中睁开了双眼。

虽然象妈妈就在不远处的岛心的灌木丛中，在用干草堆成的临时住所里摊开四肢躺着，但小象还是感到莫名孤独。从母象这一支脉算来，整个象群已是三代同堂。家族的其他 25 位体格强壮的成员已经沿着海岸去寻找新的水源和草场了，而母象却因为一场小病不能像往年一样加入这场想在岛上生存下去就必须进行的迁徙。小象还不满一岁，由于血缘纽带，加上幼年需求，它别无选择，只能和母象一起留下来。于是，这对母子就落在了后面。但无论出于先天性格还是后天培育，小象都不会一动不动地等着母象的体能完全恢复。

小象奋力想站起来，它颤颤巍巍，四肢厚实的肌肉也跟着抖动。小象的块头已经很大，站立起来对它来说已然是一种考验。它刚出生就有 200 磅（约 90.72 公斤）重，3 英尺（约 91.44 厘米）多高。小象虽然还远未成年，但体重已经有 1000 多磅（约 453.59 公斤）了。

它来回地摇晃着脑袋，想抖落身上的干草和睡觉时落下的冰屑和雪粒。母象还是左侧朝下躺在小象面前的地上，每次呼吸，她巨大的身体就会上下起伏，呼出的气体也总会在冷空气中形成一个个雾团。小象的身躯已算巨大，但母象和它比起来就像是一座山了，五六吨重的身体，两倍于小象的身高。由此，无怪乎这类动物要站着打瞌睡，就算它们平躺在地上睡觉，通常也就只睡四五个小时。

小象盯着母象看了几分钟，抖落了腿上最后的冰粒，开始顺着一片平缓的碎石坡向海滩走去。

每迈出一步，它的身体都会剧烈晃动，沉重的步子使脚下的冻土也跟着颤抖、碎裂。狂风在它身边呼啸，冷到了极点，它只有把两只小圆耳朵紧贴在脑袋的两边来御寒，但小象继续往前走去，不断地掀起冻土层来找能吃的东西，哪怕是一点干草、苔藓或者根茎。它走到了快到坡底的地方，火山岩形成的海岸边，冰冷的浪沫溅在它的身上，但小象喜欢这种感觉。它身体绝大部分的皮肤都覆盖着厚厚的红毛，这时，白中泛蓝的水滴像珍珠一样挂在一绺绺红毛上面，亮闪闪的。

冰冷的海水和刺骨的海风并没有让小象感到什么不适，它和其他家族成员们一样，适应了这种严酷的生存环境。事实上，弗兰格尔岛几千年来保障了无数巨型动物在此繁衍生息。

即便是现在，岛上还生活着 20 多个象群，小象家族不过是其中之一。这里最大的象群曾一度拥有近千名成员，只是近几年减少了一半。

尽管象群和各种捕食者世代为邻，但近几年，一代代成员数量的减少却并不是因为被捕杀，而是自然环境剧烈变化的结果。小象周遭的一切都变了，其他族群成员也不得不适应这些：

象群规模逐渐变小了，身板也逐渐变得瘦弱，但它们的身体机能越来越强了。在这遥远的地球一角，它们掌握了各种生存技能，活了下来。

小象不知道的是，它和它的家族之所以能存活至今，正是因为住在这与世隔绝、冰天雪地的小岛上。在此前的6000年前，天生异象，气候陡变，地球表面温度开始上升，弗兰格尔岛四面的水位升高了足有50英尺（约15.24米），把小岛从大陆隔离开来。小象的先祖们意识到自己被困在岛上了，为了摆脱困境，它们选择在最严寒的季节里涉险通过冰桥。但事与愿违，它们永远地消失在时间的长河中。

留下来的活了下来。

在小象的伟大家族适应了弗兰格尔岛生活的同时，其他象群却在过去的4000年间从世界各地逐个灭亡了。留在岛上的约五百头象成了地球上仅有的幸存者，组成了一个个互相依赖的家族，和小岛的命运绑在了一起。其他象族灭亡后，弗兰格尔岛上的象群又在这里生活了足足4000年。

小象终于到了坡底，距离海岸只有不到12码（约11米）了，水雾越来越浓，冰冷的水滴像雹子一样打在小象脸上。是时候回去找妈妈了，或许她的身体已经恢复，可以带着小象追上海岸远处的象群了。正当它转动庞大的身躯时，它的注意力被海面上的一个神秘物体吸引住了。

这个物体穿过海浪，划破冰层，使海面泡沫四溅，这是小象从未见过的东西。小象只是一动不动地盯着这个长长的圆柱物体——这已经完全超出了它的理解范围。

就像一个被掏空的树干，这个物体水平地贴着海面朝岸边移动，小象正站在这里。

它往后退了一步，又站住了。就在这个长圆柱物体的边上，小象发现了五六个动物，迎着飞溅的海水，它们挤在一起。这些动物个头不大，肤色苍白，身上没什么毛而是盖着奇怪的兽皮。这个时候，这些动物正指着小象！

小象注意到有一个动物站了起来，高高地举起了一根末梢嵌着锋利骨头的细木杆。这根杆子足有那个动物身高的两倍长。

小象盯着这一切，惊呆了，站在原地，一动不动。它不知道这些怪异的动物是什么，它们为什么来到这个小岛。它更不知道的是，这些动物要做一件几千年来地球变暖都没有造成的事情。

小象当然也不可能知道，它、它的妈妈、它的族群，已经是这个物种仅存的成员了。

它们，就是最后的猛犸象。

02

又见猛犸象

TIME：4 年前……
AD：西伯利亚，萨哈共和国，切尔斯基山

贾斯廷·奎恩（Justin Quinn）步履艰难地跟在大高个俄罗斯向导的身后，有些上气不接下气，他很担心自己被脚下冻土层裂缝里杂乱长出的低矮灌木给绊倒。奎恩的雪地靴不是自己的，是从 4 英里（约 6.44 公里）外的切尔斯基山东北科考基地的储物室里借来的，不过，这比他在波士顿买的那双登山靴要保暖得多。这双雪地靴比奎恩的实际鞋号要大了至少两码，粗质的靴筒快顶到他的膝盖了。有些松垮的防风大衣似乎也失去

了保暖作用，这同样也是借来的，他帽兜上厚厚的人造毛被风吹着直往嘴里钻，两只袖子遮住了指尖，这时的奎恩显得像一个邋遢的小孩，而不是一位年仅 29 岁，世界顶级名校的博士后。

“快到了，”俄罗斯向导扭过脸对他说，“你比他们上次派来的研究生要好多了，那人勉强走了一公里就走不动了。”他说英语时口音很重，奎恩要很专注才能听懂他在说什么。

奎恩对此并不吃惊。尽管穿得很厚了，但他每呼吸一次，冷空气都像锋利的刀片一样划过肺部，带来一阵剧痛，脸上没有帽兜遮挡的皮肤已经完全麻木了。奎恩怎么说都不是一个瘦弱的人，高中时期他也是个运动健儿，参加了很多社团。但当心思全花在科学研究上后，每天耗费 3 个小时锻炼就变得不现实了，所以奎恩现在的身材并不算健壮。试想，一个人年复一年地坐在波士顿的实验室中，摆弄数不清的试管、培养皿和离心机而疏于锻炼，也就不足为奇了。而且就算在他身体最好的情况下，走出科考基地后要走的这段路程也会让他呼吸困难。

用“恶劣”来形容这里的地理环境会显得太过轻描淡写，从北冰洋至此仅有 90 英里（约 144.84 公里），正是我们从地理概念上说的北极圈。东北科考基地四周的干草原大多都由永久性冻土构成，这里常年积雪，狂风肆虐，有些地方的雪甚至深达 13 英尺（约 3.96 米），雪上薄薄的石质土层上，愣是长出了一些杂草和青苔。到了四月中旬，这里的温度相对不那么冷，在 –20℃左右，但这个温度正常人听上去也是非常寒冷的，奎恩了解这里的气候特征，知道今天算是赶上了好天气。众所周知，西伯利亚地区萨哈共和国的科考基地所在地是北半球最冷的地方，整个冬季温度最低时能降至 –60℃。

艰难地行走在坚冰似的冰面上，凛冽的寒风如同刀割一样拍打着他的脸颊，奎恩很难想象在如此严寒的地方还有物种能存活下来。然而，俄罗斯向导似乎一点也不觉得冷，离科考基地相对舒适的环境越远，反倒走得越来越快了。在收拾行囊前往俄罗斯之前，奎恩就了解到这位向导坚守在科考基地已经二十多年了。实际上，他们一家人搬到严酷的环境中居住是许多人无法理解的。然而，很多伟大而常人不能理解的事情就是这么发生的。

“看，就到了。”

向导指着前方十几码处，那是个带有牢固金属栅栏的围场，栅栏约 10 英尺（约 3 米）高，整个围场足有半个足球场大。奎恩走近了些，他看到围栏的远角有至少十几只动物，它们三五成群地站在一起，看上去根本不怕这里的酷寒和冷风。

奎恩猜想它们是马，至少它们长得像马。但它们身上那层厚厚的棕毛，使它们看起来矮壮结实，虽然比设得兰马（生长

于苏格兰东部的群岛上）的形体更大，但要比他在美国看到的马更小。

“它们叫什么?”奎恩一边紧随俄罗斯向导走进围场一边问道，“我从未见过像它们这样的动物。”

“雅库特马，这里有二十多匹。上一批是三个月前海运到这里的，它们很快就适应了这里的气候。事实证明，这里的环境很适合雅库特马的生存，它们已经开始繁衍后代了。”

“哇……”奎恩惊讶极了，正想说话，脚下结霜的苔藓下一根粗糙的冰柱差点把他绊倒。他立即止住了声，小心地往围场另一边走去。

“对啊，多神奇。雅库特马算是一个非常古老的畜种，它们不断进化以适应雅库特地区的寒冷气候，甚至能准确地找到深埋于雪下的草。”

向导指着他的右手边，那是另一个带栅栏的围场，距离他们大概十几尺远。

“那个围场里，是我们去年海运来的一批北美野牛。除此之外，还有一群芬兰驯鹿，它们大部分都是小体型动物，成本比野牛低得多。我们的实验结果越可信，得到更多的样本就会越容易。”

说着，他们已经到了围场的另一端，那些金属锁链就在眼前，如果奎恩脱下手套，伸出手摸摸这些金属锁链，他的手指一定会被冻掉，当然，他没有这么做。

“从我的经验看，我觉得这完全不可信啊！”奎恩禁不住说。

“在这里不需要看数据，你看事实就可以了。”

俄罗斯人指了指这些鬃毛厚实、个头低矮的马正在吃草的地面，又指了指奎恩脚下的地面。确实，哪怕奎恩不是个科学家也能注意到区别：栅栏之外，除了零星可见的苔藓，几乎没有生命存活；而栅栏之内，雅库特马成群，地面上覆盖着郁郁葱葱的草。

“当这里有足够的动物，我们可以撤掉栅栏的时候，动物的数量一定会增加不少。”俄罗斯人接着说。

奎恩本想吹个口哨以表惊讶，没想到嘴巴已经被冻僵了。根据他考察前查阅的俄罗斯国家的相关数据资料，这些快速增长的数据库中，为数不多的围场并不是最重要的部分。雅库特马、野牛、驯鹿等被迁居而来的动物仅仅是科学家们大量实验对象里的冰山一角。俄罗斯向导说，俄罗斯的这个科研团队从他的父辈（他的父亲是这个实验领域真正的天才）开始，已经在切尔斯基的土地上工作了十余年了。他们的实验工具五花八门，有经过改装的重型推土机，有按钮轻轻一碰即可产生强大而精准冲击力的轮式打桩机，甚至有二战时期的坦克。顺便说下，

坦克是他们从雅库特政府手里买来的，开了几百公里路才到达切尔斯基地区。

以不同动物为研究对象，用建筑机械，甚至坦克做工具，他们完成了许多科学家认为不可能完成的任务。在可控的测试环境中，也就是不同围场的草皮下，他们成功地将永久冻土层的温度降低了 15℃。

奎恩不是气候学家，事实上他学的是生物学，同时了解一些基因工程学，但他也知道这些数字是令人吃惊的，不仅如此，它们还非常重要。正是这种重要性促使他跨越大半个地球来到这里。

俄罗斯人继续往前走，脚步没有放慢一点，“当我们把栅栏撤掉时，就像是让时光倒流了一万年，样本动物们会成群结队，逐渐形成种群。”

越过了围场的边缘，他们慢慢往一个永久性冻土形成的小山上走，奎恩问道：“那些灭绝了的食肉动物怎么办呢，这里曾经一定有过很多食肉动物吧？”

“是啊，很多，如北极狼、北极熊，在它们之前还有剑齿虎。”

“剑齿虎？”

“过去，食肉动物和食草动物共同在这里生活。实际上，食肉动物的存在促使食草动物快速繁殖。它们具有领地意识，而且会保护它们的族群不受其他物种的侵犯，其中的病残成员也会被自然淘汰，这样就保持了至关重要的平衡，直到人类到来，这一切就变了。”

奎恩知道这一切是怎么回事，上一个冰河世纪后，人类大量北迁，大批猎杀当地的各类动物。虽然这种说法仍存有争议，但是，迁移了的动物、用于翻地的坦克、打桩机，俄罗斯人的这些实验就是想证明大灭绝不仅仅是环境变化造成的。在很大程度上，一定还有其他的原因。

“最开始，我们人类和其他肉食动物一样，需要什么就猎杀什么。但我们从未满足过，也从未停下肆意猎杀的脚步。人类不是一种普通肉食动物，而是一种顶级掠食者。”

俄罗斯向导回头看了看他，此时他们已经到了缓坡顶上。越过向导往前看去，奎恩可以看到他们前面还有另一个围场，至少是雅库特马围场的两倍高。它也是由金属制成，但这个围场的栅栏粗多了，并且顶上有卷曲的铁刺网。奎恩喘着粗气，好一会儿才缓过劲儿来，他意识到，这个围场不是用来把食肉动物阻挡在外的，而是为了防止里面的动物跑出来。

俄罗斯人随意地走着，他们走到了围场栅栏中间的一扇门前。门上安装了一个电子键盘，上面是西里尔语字母。俄罗斯人依次按了六个键，随着金属转动声，电子门闩复位，门向里

打开了，俄罗斯人摆手让奎恩进去。

“这里安全吗？”奎恩问道。

“你可不太像一个顶级掠食者！”俄罗斯人揶揄地说。

奎恩紧张地咽了口唾沫说：“可是，我是素食的。”

俄罗斯人大笑道：“我向你保证，这里十分安全，不会有剑齿虎的，除了食草动物，这里什么都没有了。”

俄罗斯人让奎恩在前，他跟在后面进了入口门。奎恩发现他站在一个长坡顶上，眼前是一片干草原阔地，这场景和他刚走过的四英里（约 6.44 公里）地类似，不同之处是，从面前不远处开始，地上生长的不是苔藓，而是成片又密又绿的青草。某种力量已经使眼前这片土地的地表土质发生了质的变化。从围场的面积来看，奎恩判断这里一定有比坦克更大的东西。

奎恩正准备继续往前走时，突然发现有个动物正从远方朝他走来。他往后退了一步。这个动物体型庞大，动作迟缓，奎恩感觉似曾相识。巨兽迈着沉重的步伐越走越近，个头也显得更大了。

“真大，”奎恩想，内心充满了震惊。

是的，太大了。

“天啊。”

“不是吧。”

“这不可能……”

奎恩比谁都清楚，这不可能是真的。

五六年前，奎恩离开了这个科考基地，离开了这个世界最北端的特殊团队，这次他动身来俄罗斯重新加入这个团队。奎恩知道，他的同事们需要遵守的规则很多，其中最重要的一条是：绝不要说“不可能”。

在这个实验室里，奎恩已经目睹了太多不可思议的事情。他这次返回后，同事们并没有告诉他实验的进度，他们希望奎恩能独立地探索到想要的信息。他知道，眼前的生物是不可能还存活着的，因为早在三千多年前它们就已经灭亡了。现在能看到它，这太匪夷所思了。

然而，这一切还是不可避免地发生了。

03

奇迹诞生

TIME：当下

AD：波士顿，路易 · 巴斯德大道 77 号

凌晨 2:10，哈佛大学医学院内，一座由钢铁、玻璃构成的新研究大楼中，二楼的一个小小实验室里依然灯火通明，亮如白昼。在这里，一些博士后、研究生和即将毕业的大四医学系学生组成了一个年轻的团队，他们忙碌在不同的高科技工作岗位上，灵活地在移液管、培养皿、DNA（脱氧核糖核酸）测序阵列间来回穿梭，乍一看，像极了默契十足的舞蹈演出。实验员戴着手套，双手不停地在灭菌柜和标本冷藏室内进进出出，

口罩下一张张年轻的面孔在试管上方来回地移动，快得像镀铬离心机内刮起了一场小旋风。

乔治·丘奇（George Church）走在紧张而有序的实验室里，灰白的胡子迎风飘动，脸上满是笑容。人们常认为科学应该是古板且无趣的，如同一棵饱经风霜的枫树上缓缓滴下的汁液。可在丘奇的实验室里情况正好相反，成员们对于再糟糕的实验也不觉乏味。正如今夜，实验室就像一个高速马达一样运转着，丘奇要做的就是安心地站在一旁观看。由于对储备人才进行持续性投入，青年科学家已成为了他团队的主力军。

在新研究大楼里大家常开一个玩笑，那就是天知道丘奇的实验室到底网罗了多少人才！近几年，丘奇决心不拘一格地从世界范围内招聘一批最优秀的青年科学家。即使已经招纳了许多“科学神童”，丘奇的实验室依然奉行着他称之为“门户开放”的政策。多次成功的经验告诉我们，才华横溢的思想家往往就隐身于街上的茫茫人海中。只要他们能让丘奇眼前一亮，就会被盛情邀请加入丘奇的科研团队。

不管实验室里确切的人数是多少，丘奇将其定为91。现今，这间实验室俨然已是一批在基因学、生物学、分子工程学方面卓有建树的年轻科学家的聚集地。不仅如此，丘奇给了他们自由发挥的最大空间：获取几乎无限资源的权限；任何时候都保持思想独立自主的权利；更重要的是，让 DNA 读取及编辑如同剪纸游戏一样简单的关键性技术。

丘奇独特的实验室即将取得另一项伟大的突破，而这也是他执着追求了大半生后水到渠成的成果。丘奇现在六十三岁，是当代最具前瞻性的杰出思想家之一。他在着手开展一个重要的科研攻关：由"人类基因组计划"（Human Genome Project, 简称 HGP）转向通过基因移植技术来消除疟疾及对抗衰老。丘奇的个人形象同样令人印象深刻，他体格壮硕，仪表堂堂，拥有飘逸的白胡子和一头浓密且根根挺拔的银发。丘奇不仅在科学界是个杰出人物，他同样"试水"文化圈，尝试跨界到流行文化圈大展拳脚。丘奇参加过史蒂芬·科尔伯特（Stephen Colbert）的电视节目，给观众带来了新科技的震撼体验——他给观众展示了一张内藏玄机的小纸片，纸片中他的新作已转化为遗传密码子并复制了 700 亿份，植入了还没有实心点大的 DNA 片段中。最近一期的《纽约时报》（*New York Times*）就报道了丘奇组织召开的一次研讨会，这次会议聚集了众多正在研究合成人类基因和其他大型基因组技术的顶尖生物学家。值得一提的是，《纽约时报》的报道用"私人组织"一词来描述了这次会议的性质，其他媒体却转述成了"秘密的"。于是，科学家们还笑称他们参加的是“秘密会议”。* 丘奇一时间成了基因革命的代言人，而这场科学革命意味着攻克从基因筛选婴儿到实现长生不老等基因技术难关的努力都取得了突破性进展。

此时，刚过凌晨两点，丘奇已经出现在二楼迷宫般的实验室里了，这让人非常意外，众所周知，丘奇一直都是每天五点准时起床的。每一刻都是有意义的，一个伟大的突破可能就在下一刻发生。走近一大群青年科学家正忙碌着的工作台时，丘奇的直觉告诉他，一个神圣的时刻就要来了。

丘奇凑上前想一看究竟，他面前的桌上摆着一个小号塑料培养皿，一滴血红蛋白黏附在浸泡于无菌生理盐水的类器官上。这个微型立体细胞群落来源于一小块机体组织，它的特殊作用就是模拟一个微型内部器官。通过显微镜，丘奇能够观察到这个微型结构里正常运转的血液循环系统。

一个年轻的华裔女性把培养皿放在一个金属托盘上，接着将托盘推入了速冻箱，短短几秒，速冻箱内的温度就低至生物所能承受的极限了，相当于户外 -60℃的气温。

一分钟后，她取出托盘，将装着血红蛋白的培养皿放在了高倍显微镜下，博士后们依次查看实验结果，紧张的气氛弥漫

* 英文中 Private 一词有“私人的”和“秘密的”等多层含义。——译者注

在实验室的每个角落。最后，年轻的科学家们都站回了原地，该是丘奇亲自确认结果的时候了。

丘奇定了定神，俯身往显微镜里看去，结果清晰地呈现在他眼前：类器官的血红蛋白仍有活力，仍能释放氧气，也就是说，这些细胞都活着！

–60℃，就是西伯利亚冻土带隆冬时节的气温。

温度在冰点以下，大多数动物的血液都会失去释放氧气的功能。

"成功了。"年轻的华裔女子说，用语非常简洁。她二十五岁上下，母语并不是英语，事实上，她的英语是在丘奇的实验室里学会的。她的经历告诉我们，语言学习的环境越独特，学习者的语感就越强烈。她的大部分时光都贡献给实验室以及世界上各种不同形状和大小的实验教室中，对于那些不了解这个行业的人，他们无法想象竟然有人对科学实验如此痴迷。但对于她，实验是再日常不过的事了。此刻，尽管她语气平静，但她和丘奇都清楚，他们已经取得了非凡的成就。

培养皿中这些存活的细胞意味着科学世界正要发生巨大变革。

科学不再囿于学习和解释自然世界，不再限于探索自然界的神秘，科学将可以从一个小小的细胞开始"书写"属于自身的传奇。生物学和遗传学的研究已经从被动观察阶段进入全新的创造时期。

不管这位年轻女士是否认识到了这点，但乔治·丘奇终其一生都在为这个转变而奋斗。

04

科学冒险

TIME：1959 年初夏

AD：戴维斯岛，坦帕市，佛罗里达州

正午刚过，温度表上的刻度就窜过了 96 华氏度（约 35 摄氏度），流金似火，空气闷热潮湿。乔治 · 乔丹（George Jordan）两个月前刚过完五岁生日，他的第一个继父按照自己的姓给乔治改名为乔治 · 斯图尔特 · 麦克唐纳（George Stewart McDonald）。不过，还没过多久，他不得不再次改姓丘奇，这个姓他倒是一直沿用到成年。乔治站在齐膝盖深的烂泥地里，双手塞在破旧的工装裤口袋里。

“乔治，躲远一点。要是你的脑袋被炸伤了，你妈妈又该怪罪我了。”

乔治在泥里往后倒了几步，他的靴子陷在泥里，每走一步都发出“扑哧扑哧”的声音，牛仔裤上到处是溅起的泥斑，像一个个花菜团。查理比乔治大一点，在距离乔治大约 6 码（约 5.5 米）远的一小块空地上玩“发射火箭”的燃放爆竹游戏。他看着乔治退远了一些，右手紧攥着一个闪闪发亮的一次性打火机，探着身子去点燃一个上面绑了四个塑料牛仔小人的烟花。查理的衣服比乔治的还破，衬衫小了许多，牛仔裤上的破洞连响尾蛇都能爬得进去。这也是很正常的，毕竟从三个月前查理搬来和乔治住在一起时，他俩就每天一起玩耍了。查理的衬衣、外套、鞋子，甚至洗漱用品等都是乔治用过的旧物件。当然，乔治也知道，很多东西要共用，床都要和查理一起住双层的，这样的日子一定是麻烦不断的。查理九岁了，在坦帕市郊区一个遍布沼泽和荒地的农村长大，和乔治相比他就像个小大人，老成多了。三个月不到，他就教会了乔治怎样偷窃街上杂货铺里锁在箱子里的塑料牛仔小人玩具，如何偷走继父放在医药箱里的香烟，甚至如何发动邻居的小型敞篷卡车，当然，他俩现在还不敢开车出去兜风。

查理对爆竹也很在行。

“这是一枚 M-80 爆竹，它在各州都属于 C 级非法易爆品。威力有八分之一捆炸药那么大，燃放时，声音可了不得呢！”查理说道。

查理“嗒”的一声打开了打火机,乔治激动得像是触电一样。团团火苗在沼泽地域潮湿的空气中跳跃，捆在红色圆柱鞭炮上的牛仔玩具似乎已经“认命”，它们接受了乔治和查理给他们的使命——“人类奔向更加辉煌的实验”，当然这是无数次实验中的一次。两年前，苏联发射了世界上第一颗人造卫星——“斯普特尼克号”（Sputnik），这件事情至今还被各大报纸提到，而且它还让乔治和他的伙伴查理通过研究爆竹点燃的结果来探究卫星的发射原理。

五岁时，乔治就想当一名科学家了。虽然坦帕市靠近佛罗里达州的第二大城市，但乔治从未在市区甚至郊区生活过，恰恰相反，他在一个到处是水渠、泥滩、河湾和沼泽的小岛上长大。刚学会走路,乔治就很独立了,他在野树林和芦苇丛中长大,在各种神奇的动物和昆虫的陪伴下慢慢懂事，而那些动物和昆虫就生活在乔治脚下的沼泽中。

查理搬来之前，乔治大部分时间都花在泥土里，挖各种虫子，甚至蝎子和蛇。1959 年初的一天，他第一次遇到了响尾蛇，那条蛇盘着身体，尾巴发出愤怒的沙沙声。但乔治的兴奋盖过了恐惧，他满是敬畏地坐在蛇的前面，脑子里面想的都是关于响尾蛇的问题：它怎么发出这样的声音？它为什么发出这样的声音？它为什么在这片沼泽生活？它和周遭环境的关系又是怎样的？不久后，他在离泥滩不远处的空地上发现了一片昆虫“墓地”，藤蔓和矮树的枝条上到处都是昆虫蜕下的外壳。晚上回家后，他在一套百科全书上自学了有关蜕变的知识，想弄明白昆虫蜕皮时经历了什么，以及它们为什么会蜕皮。

乔治还不认识“科学”这个词的时候，就开始喜欢“科学”了。但他面临着一个重大困难：他的身边没有一个科学家。乔治的妈妈弗吉尼亚（Virginia）在迈阿密法学院上学时，遇到了乔治的爸爸——斯图尔特·麦克唐纳（Stewart McDonald），并和他结婚了，他是一名飞行员，也是一名赛车手和赤脚滑水运动员，但最后他还是和乔治的妈妈离婚了。乔治出生在麦克迪尔空军基地，由健壮而独立，但惧怕数学和科学的母亲抚养长大。尽管如此，她也意识到乔治在数字和科学方面有浓厚的兴趣和极高的天赋。每天晚上，乔治都会对他的奇遇，以及在泥地里的经历喋喋不休，接着就会径直奔向他所能找到的书，把他当天看到的东西与书中的图片匹配起来。乔治虽然有轻度阅读障碍，他会弄混字母在单词中的正确位置，但他却能快速通过图片自学。有一次，他在池塘里发现了一只大虫子，他称之为“带腿的潜水艇”。他把那只虫子封在罐子里,但第二天,虫子不见了。打开罐子时，乔治才注意到有只大蜻蜓躲在盖子底部！尽管他看不懂妈妈从图书馆借的书上的单词，但他却看懂了其中的图片：这艘“带腿的潜水艇”是蜻蜓的幼虫。乔治对于这一发现异常激动，这使他更坚定了要当科学家的决心。

但眼下乔治只能继续待在沼泽地里学习了，因为他的妈妈想要投身法律行业。乔治三岁时，他的妈妈再婚了，乔治也因此改姓，而且他还多了一个同父异母的妹妹。乔治的妈妈常常在家完成一部分工作，最后，她甚至给乔治带回来一个新玩伴——查理。查理 9 岁了，是个连法官都找不到有领养意愿的家庭的少年犯。乔治很快就变成了查理的小跟班，他们一天天把这片沼泽地从“教室”变成了冒险“试验田”。

“准备好了吗?”查理咧嘴笑着问。乔治又后退了一步，用手捂住了耳朵。最后，他怯怯地点了点头。

“发射!”查理大叫一声，点燃了爆竹引信，然后跃过沼泽，飞奔到了乔治身边。查理刚转过身，爆竹就在空中发出了刺眼的光，晃得乔治眼泪直流。几乎同时，一声巨响在空中回荡，塑料碎片如雨点一样落入沼泽。有个灼热的火星落在了乔治的肩膀上，他随手一拍，一顶冒着烟的塑料小牛仔帽掉入了脚下的水坑。

“横扫千军！”查理边拍手边大喊。但乔治已经陷入了沉思，根本没有听到他在说什么。在乔治眼中，不断从空中下落的玩具碎片就是一个个在加速度和重力共同作用下的微型“斯普特尼克号”人造卫星。他似乎可以看到一串串数字在空中飞舞。对乔治来说，烟雾消散之后真正的乐趣才开始，他觉得，这个游戏最重要的环节就是知其然，也知其所以然。

看着眼前窜腾的火苗，融化的塑料，以及M-80爆竹炸开后留下的小坑，乔治觉得，偶尔搞点破坏也是很有趣的。

05

更新世公园

TIME：2006 年 12 月 23 日
AD：萨哈共和国，西伯利亚北部

一条曲折蜿蜒的公路连接着伊尔库茨克和切尔斯基地区。

尼基塔·兹莫夫（Nikita Zimov）开着一辆借来的双门皮卡车，铁链般的前臂肌肉十分结实，他弓着身子，紧紧地抓着方向盘，尽力不让皮卡车从崎岖泥泞的路上滑出去。这条路与其说是公路，倒不如说是一条小径，岩石峭壁和藤蔓缠绕的森林使这里很难有一条真正意义上的大路。卡车大灯射出的光显得昏黄暗淡，就像一双孱弱的手拼命地想要拨开漆黑的夜幕——那种只有数月见不到阳光的地方才有的黑暗。

“这是不是太疯狂了？”坐在副驾驶位上的年轻女孩问。

女孩的脸紧贴着车窗，她急切地想看清除了树林和悬崖之外，外面还有些什么。听到女孩这么问，尼基塔却一刻也不敢将视线从前挡风玻璃上挪开，他全神贯注地盯着卡车大灯微弱的光束中扑面而来的雪花。

“这很正常，但也很疯狂。”尼基塔故作镇定地回答。

安娜塔西娅（Anastasiya）只有20岁，和尼基塔同龄，他们是新西伯利亚大学的同班同学，当然他们的关系可不只是普通同学，毕竟尼基塔不会邀请一位普通同学来到这种与世隔绝的地方。

“就算你习惯了这里见不到阳光的冰天雪地，可要是北极熊来了，你一定也会吓得够呛吧！”

安娜塔西娅看了尼基塔一眼，笑着说。

尼基塔也笑了，笑声恰好掩盖了他内心的担忧。他的担忧不仅仅是因为这里的地理环境，更多的是源于他们此行的目的，这种担忧让他像在沼泽中驾驶潜水艇一般战战兢兢。

这正是他回家的路。

想到这里，他不禁浑身一个激灵，好在这次他不是一个人回来。

五年前，也就是离开切尔斯基以及东北科考基地之前，尼基塔约会过的女孩子屈指可数，之后他去了新西伯利亚一所非常重视科学教育的高中，当然也是这个地区最好的高中，接着就进入了大学学习。他从未想到会找到这样一个满心想要带她来到这里的人。一路上他甚至以为她会转身离开。在这个隆冬时节，一个从未见过雪的女孩却出现在了伊尔库茨克的小机场，和他一起走进了这个未知的“黑暗”世界。

这里的天气十分寒冷，温度常常低于 –40℃ ，一下飞机就会被狂风裹挟。从这里到切尔斯基需要两个小时的车程，他们得自己驾驶家人早早寄放在这里的卡车才能到达。得知这些，安娜塔西娅也只是抓着他的手，轻轻地笑了笑，一点儿也没有退缩的意思。

卡车的大灯在黑暗中时隐时现，此时，尼基塔想知道安娜塔西娅会想些什么。如果有阳光，这里给人的感觉会完全不同，景色美得出奇，数万公里的冻土地带没有人类居住，两侧是茂密的森林，低矮的灌木丛，地面上也长满了苔藓和野草。

好一派荒野气象，让人感到真切而空旷。

一万年前这个地区动物密集，与现在的景象大不相同。那时的畜群和超大畜群与现代最大城市的人口总数不相上下。数以万计的牛、马、北美野牛，乃至体型更大的食草动物在一起和谐共生。

而如今，一切都消失了。

“简直令人难以置信，”安娜塔西娅的惊讶溢于言表，“这是只有小说里才发生的事，你竟然在这里长大，这里的环境对孩子来说未免太过严酷了。”

“我没觉得这里与其他地方有什么不同。夏天这里美丽极了，我可以捕鱼，可以到处玩耍，一个小男孩想要的一切这里都有。”

“可冬天还是难熬啊！”

“这倒是。”

这里属于西伯利亚地区，冬天有长达三个月的极夜，温度常会低于 –60℃，平均气温也只有 –40℃，大风似乎可以将皮肤从冻僵了的脸颊上吹落。这里的冬天，你实在找不到佳词妙语来美化它。

“两岁时，父亲就将我带到了这里，读高中前我没有离开过这里。”

尼基塔的姐姐是家族中第一个离开这里的人。刚到读大学的年龄，她就去了圣彼得斯堡，那里不是冰天雪地，周边也很热闹。在姐姐的影响下，尼基塔也离开了这里，去了新西伯利亚，尽管新西伯利亚也属于西伯利亚地区，但它拥有130万的常住民，和切尔斯基相比，它是名副其实的城市。尼基塔就读的是一所一流大学，他曾有过攻读数学和计算机建模的计划，甚至计划过有一天能像姐姐一样在大城市定居。然而，尼基塔心中也曾有一个科学梦，只不过这个梦不如他父亲那么强烈，他也从未想过，二十岁的时候，他的科学梦会再次被唤醒，他甚至甘愿放弃已有的一切来拯救和守护这隅天地。

“四个月前的一天，父亲去了我的宿舍，问我是否愿意回去。”

听到这里，安娜塔西娅看了他一眼，他却一直盯着前方的路面。她原以为事情会复杂得多，但事实就是这么简单，尼基塔的父亲满怀希望地问他是否回去，而他不忍拒绝。

“你可能以为我在这里孤零零的，就像离开父母温暖怀抱的小孩一样，但即使是在孤独时，我也觉得自己不是为了个人而奋斗。”

皮卡车又拐过了一个弯，在黑暗中尼基塔依稀能分辨出属于东北科考基地的一幢矮房子。车继续往前行，大灯发出的光形成了一个锥形的光带，风裹挟着雪花飘飘洒洒。这个时候，他们看见风雪中站着一个人，穿着厚实的保暖外套，戴着上翻的毛领风帽，轮廓分明、一张饱经风霜的脸庞上长着标志性的飘逸的黑色胡须。这个时候，他正面带微笑，站在冷风中欢迎尼基塔和其女友的到来。

谢尔盖·兹莫夫（Sergey Zimov）是尼基塔生平所见最身强

体壮的人，30年前，也就是1980年，他在没有机械的情况下，靠着自己的双手，从搭建一座小木屋开始，一点点建成了整个东北科考基地。11年后，苏联解体，他不仅拒绝了莫斯科的上司让他回到海参崴继续工作的命令，还坚持留在原地，竭尽所能地储备食物、天然气及其他能在极端天气下维持工作的物资。渡过了那个难关后，东北科考基地的建设速度逐渐加快，变成了一个拥有数个生物实验室、大气数据采集器及其他一些地球工程学设备的顶级北极科考基地。更值得一提的是，这个科雷马河以南30英里（约48.28公里）的地方，深藏着他最初的梦想，只要他的同行者们能够继往开来，未来一定大有作为。

尼基塔坚信他的父亲会用毕生的奋斗去实现这个梦想。父亲不仅是他见过最强壮的人，也是意志最为坚定的人，当然，更是最睿智的人。

在父亲面前，尼基塔从来说不出“不”字。

“这是家族事业，”安娜塔西娅接着说道，“你当然不能辜负。”

尼基塔很是惊讶地看着安娜塔西娅，她似乎对这里恶劣的环境一点都不感到害怕，更谈不上感到痛苦或恼怒。她丝毫没有随时离开这里，返回安全舒适的新西伯利亚的意思。

甚至可以说，安娜塔西娅也像是回到了家，轻松自在。

06

世博会之旅

TIME：1964 年早春

AD：佛罗里达州，克利尔沃特湾

这是一个难得的周六下午，只有乔治·丘奇一个人在家。

他干完了家务活，早早地完成了家庭作业，尽管才十岁，但是对于一个住在像克利尔沃特湾这样的沼泽边缘地带的孩子来说，要做好的远不止这些。丘奇就读的公立学校和看管小牛、小羊的畜栏没什么区别，它的作用就是把这些捣蛋鬼都看管起来，好让他们的父母放心地忙自己的正事。

当然，虽然丘奇还很小，但老师已经发现他非常喜欢与数字有关的事物。他的妈妈也常常在亲友面前夸赞他可以飞快地完成数学作业。但克利尔沃特湾的人大都没有什么远大志向，这个地方的大部分公立学校在七年级之前甚至连科学老师都没有，丘奇的学校也不例外。在没有达到法定上学年龄之前，丘奇的那些同学和朋友们没有一个会想着去读书，更别说上大学了。

从表面来看，丘奇的生活在七年里发生了巨大的变化。他的妈妈又一次离婚，新继父是一位资深的儿科医生，盖洛德·丘奇（Gaylord Church）博士，他第一次见到乔治便喜欢上了这个少年老成的继子。老丘奇经常带着儿子四处去参加研讨会，因此，和同龄人不一样的是，丘奇才二十岁出头就已经见多识广。他独自走遍了杜布罗夫尼克旧城、普利特维采、罗马和库斯科，还和别人一道去了波哥大、的的喀喀湖、里约热内卢和圣保罗。

他还有一个爱好——翻继父的医疗箱，摆弄里面各种各样的工具。最后，他开始对收集皮下注射器感兴趣了。父亲发现乔治的这一爱好时，就开始教他如何使用注射器，还让乔治在他身上一遍又一遍地练习。长大后，乔治才发现继父和当时许多医生一样，对镇静剂上瘾。

乔治猜想，要是他的好伙伴查理在，一定会喜欢这些随时能弄到的针头和各种镇静剂。可惜的是，查理已经离开了，他被送到一个寄养家庭，在那儿他只有一个人捣蛋了。乔治的生活中没有了查理，却多出来两个和继父一起搬来的兄弟，这是继父第一段失败的婚姻中所生的两个儿子。

后来，乔治·丘奇慢慢学会了给小孩换尿布、热奶瓶，甚至巧妙地处理家庭矛盾。继父的其中一个儿子让他印象特别深刻，这是一个不幸的少年，一次玩耍时飞盘卡在了高压电线上，他爬上防火梯去取时不慎从上面掉了下来，摔断了胳膊，双手和身体的多处被烧伤，最后他被送到了收容所。每次他回到继父家时，乔治总会想起“弗兰肯斯坦”——他两条胳膊和脸上随处可见的疤痕，那时他从不穿汗衫，以防衣服蹭到前胸新长的一块块皮肤。

一次正值周六下午，小丘奇还能独自待在家里，真算得上惊喜。他惬意地躺在客厅的沙发上，很快就昏昏欲睡了。虽然并没有经过正式诊断，丘奇的妈妈还是觉得他患上了阅读障碍症和发作性嗜睡症。在他的年纪，丘奇才不甘心承认他患了什么病呢，其实，他也知道人们发现他总是一副永远都睡不醒的样子，但他觉得每个人都会这样，只是大部分人善于把睡意隐藏起来。老师有时在上课时会用粉笔扔他，让他回过神来，他却与众不同，这对他根本没有任何作用。只要不动，他立刻就会进入深度睡眠。这种情况会发生在教室里、操场上，甚至和别人的聊天过程中，他都会突然睡着，而且睡得很沉。为了摆脱随时袭来的瞌睡，丘奇把能用的办法都用上了，使劲跺脚，狠命掐手指，甚至疯狂晃脑袋。但有时候，他也就顺其自然了。

丘奇的妈妈觉得丘奇的大脑运转速度比常人快两倍，这是他有嗜睡症的原因，丘奇也认为是这样。毕竟，他睡觉时大脑并不会放慢运行速度，甚至比清醒时运转得更快。此时此刻，他斜躺在沙发靠枕上，蜷着双腿，正在思考一个他最近一直在思考的科学命题。

一周前，在图书馆随便翻看一本科幻小说时，丘奇看到了一些关于巨型食人植物的内容。从那时起，他便决定自己培养一株食人植物。之前，他对捕蝇草有所了解，这种草可以捕捉昆虫并靠吸收蛋白质生存，是卡罗来纳州特有的一种植物。丘奇想通过研究捕蝇草来了解植物怎样才能生长成那样。

在一些旧科学书上，他发现一种药剂能够让豆芽长得巨大，就尝试着将这种药剂用在前院的捕蝇草上。他的目的并不是吓一吓邻居们——当然那也是很有成就感的，而是证实这个药剂是能够制成的。像他之前燃放塑料牛仔小人爆竹一样，这是一项新的智力挑战游戏。

可就在这个下午，正当丘奇满脑子都是巨大而牙齿尖利的食人植物时，一阵急促的敲门声把他从幻想中带回了现实。他慌忙从沙发上站了起来，发现是有人在敲正门。

丘奇穿过客厅，打开了门，他不无惊讶地发现门外走廊上站着一个邻居——一名中年男子，穿着牛仔裤和劳动鞋，棒球帽檐拉得很低，几乎要遮住眼睛了。

“丘奇。”他说话带着很重的南方口音，拖音也很长，这个时候，丘奇的老毛病又犯了，还是半睡半醒，恍恍惚惚，只有仔细看来客的体貌特征才能让他保持清醒，不至于分神。

“先生，有事吗？”

“我就是想过来给你道贺，”男人回答道，“我观察到你把后院里的那些植物照顾得很好。”丘奇听到邻居这么说，颇有点得意，毕竟从十岁开始他就已经把打理院子看作是一项寻常家务活了。继父盖洛德·丘奇带着他们搬进了一幢占地足有一英亩的大房子。邻居家的院子大多都是像高尔夫球场一样漂漂亮亮、修剪整齐的草坪，但是丘奇家的院子却长满了不受欢迎的马刺草。妈妈为了鼓励丘奇，他每拔一棵野草，都会奖励给他一分钱，但这是一种无休无止的活儿，马刺草拔了又长，总也拔不完。

几周前，他终于想到用科学手段来除草。一次，他拿着放大镜在烈日下把光聚焦对准马刺草，发现这个办法能够根除它们。那天，他清除完了整个后院将近四分之一的草。

“我在尽力照顾它们，先生。”说这句话时，丘奇的语气显得很满足。那个中年男子点了点头，然后就转身准备离开，但他又转过头说了句，“顺便告诉你一下，外面着大火了！”

丘奇一开始还没有缓过神来，直到那个男子走出门廊，他才反应过来。于是他砰地关上了房门，转身跑过卧室，冲到了后院。刚到卧室门外，他就闻到了呛人的烟味，推开后院的门，看到火势已经蔓延了大半个院子，熊熊大火还烧着了一棵粗大的树，直往邻居家的地界烧去。

丘奇直奔到车库里，拿起盘放的水管，还好他掌握了一些关于水压的知识，并且懂得怎样把家里的普通水管弄得像农用喷粉机一样方便喷水。

即便如此，丘奇还是用了40分钟才控制住火势，他正把水管卷着收回原地时，就听见妈妈的车驶进了门前的便道。丘奇的妈妈刚走到前门廊，他就已经跑回了屋里。这时，他从客厅沙发上方的画框中看到了自己的狼狈模样：满脸的烟灰，头发上粘着许多烧焦了的马刺草，活像戴了顶乱糟糟的帽子。趁着妈妈拿钥匙准备开门的时候，丘奇冲进了浴室，把头塞到了水龙头下拼命地冲洗。

妈妈走进房间的时候，他乱糟糟的头发上的水还在不断往下滴。她十分奇怪地看着丘奇，似乎明白发生了什么，但却一个字都没说。最后，丘奇知道他妈妈要去后院看看那些烧焦了的树，而此时，他觉得自己并没有犯什么错。

这对丘奇来说是件好事情，因为妈妈给他准备了一份惊喜。

“丘奇，下个星期你不用去学校了。”

“我们是要去哪里吗？”

不去上学并不是什么大事，对丘奇来说，下周上学最重要的事情是体育课上会有一场激烈的躲避球赛。

“去哪里不重要，”他妈妈说，“重要的是什么时候去。”这时候，她身后的窗外飘过了从后院散出的烟，丘奇妈妈拆开了一封信，里面赫然放着两张价值两美元的1964—1965年度世界博览会的门票。

……

现实生活中，丘奇并不相信时间旅行这回事，他觉得这并不像漫画书和那些二流科幻电影那样容易完成。这里没有有机玻璃试管，闪烁的霓虹灯，放电的法拉第笼，喷出彩色涡流的控制面板，等等。

然而，“时间旅行”刚开始的三天时间，他们就在一号州际公路上度过了，丘奇在妈妈1962年款的老别克车副驾驶位上坐了三天。只要沿途交规允许，丘奇就把头使劲探出车窗外去呼吸新鲜空气。

一路上，丘奇晕车很严重，幸亏东部沿海地区到处都住着他家的亲戚，表兄妹、七大姑、八大姨的家都可以让他们不时地休息。加之公路餐厅上有各种各样的快餐美食，皇后区大桥上长达四个小时的交通拥堵给了丘奇休整的机会。经过这么多地方，即使法拉盛草地里的大型停车场有些嘈杂，丘奇似乎也觉得那里热闹而文明。

即便如此，驶离停车场几个小时后，丘奇还是感到一阵阵恶心，在锃亮的安全杠的保护下，丘奇和妈妈坐着履带车上的移动椅驶向了通用汽车展馆的未来展厅。坐在椅子上，丘奇看到了 30 年后的生活，其中有色彩鲜艳的概念车——装着泡沫玻璃的光滑汽车，独特的驾驶员座舱和双翼使这辆车看起来像是从一架喷气式飞机的尾部分离出来的。这里有自动人行道，甚至还能通往月球移民点和水底宾馆。

晕车的痛苦也抑制不住丘奇的兴奋，从走进这个博览馆并看到一个高达 120 英尺（约 36.6 米）的地球仪那一刻起，他就感到这次的世界博览会超出了他到西海岸长途旅行前的想象。交错弯曲的荆条编织成了一个完美的球体，这个地球仪作为整条大街尽头的焦点，道路两旁插着全球很多国家的国旗。此次博览会的主题是“沟通带来和平”，致力于探索“人类在日益缩小的地球上不断开发宇宙的成就”。

这是关于汽车、燃油、制造业、娱乐业，甚至计算机公司合为一体的未来生活场景。主办方招募世界顶级建筑师建造了彼此相通的法拉盛草原风格的展馆，在一些展馆中，许多游客第一次见识到电脑新纪元。

对于丘奇来说，这个展览会中的一切都是那么光彩夺目。在国际商用机器公司（IBM）展馆里，他得以近距离参观了电脑主机。在福特汽车展馆，他坐在福特敞篷车里游览了拥有最原始风貌的观光路线，从侏罗纪到现在，再到未来。另外，福特汽车设计中的未来和竞争者通用汽车公司所设想的有很大不同。

丘奇和妈妈走过了一辆和接地喷气式飞机相似的轿车，安装了双翼后的汽车看起来像火箭筒，仿佛随时要起飞。丘奇发现妈妈的手搭在他的肩膀上，他知道自己激动地禁不住浑身颤抖，而他妈妈也感觉到了。他想，妈妈一定是又以为他患上了神经衰弱症或其他什么病。丘奇想告诉妈妈真相好让她放心，但激动的同时，一阵莫名的焦虑也涌上了他的心头。

“这不是真的，”丘奇说，“我想说这不是真实的，只有将来才可能发生这样的事情。”

妈妈看了看他，丘奇不置可否地耸了耸肩膀。他长得比大多数同学高出一大截，而且还在不断长高。

“这是未来，是我们应该有的生活，”他说，“但我们现在做不到。”

迪士尼展馆里有个林肯总统的卡通版形象，看上去非常生动，这是个由齿轮和杠杆组成的机器人，看上去和真人一样，也可以像真人一样和游客对话。但靠近观察时，丘奇发现机器人表面的漆已经褪色了，有些螺丝也掉了。看到这些，他不禁把眼前这个有些破旧的机器人和刚才在观光车上所见到的未来城市相比，那些深海下的，或者太空中的，甚至月球上的城市，真是太神奇了。这都是人们对原子时代社会情形的想象，那个时代对能量的利用水平是现在的人们无法想象的。展会上的一切都十分光鲜亮丽，相比之下，现在的物件显得破败不堪，粗糙而笨重。

“除非有人一心要实现这一切，否则没一样东西能真实存在。”

丘奇知道，他并没能准确地表达自己的想法。十岁的他还没有足够丰富的语言来表达清楚他的想象力和思想能力。但他知道，与刚刚看到的一切相比，现实生活显得特别枯燥。他不想接受这个现实，总觉得自己应该有更精彩的生活。

后来，当他不时地把自己想象成一个时空旅行者，他就会回忆起这个场景。在内心深处，他开始相信自己来自遥远的未来，因为某种特殊原因而留在了过去。他生命的使命便是把现在的时空改变成他曾属于的世界。

从妈妈的表情上，丘奇可以看出他的妈妈能理解儿子的感受。

“你可以做到的。”她说道。

尽管妈妈愿意尽全力帮助他，但丘奇知道，如果想回到未来，办法只能靠他自己想。

07

基因组计划

TIME：20 年后，1984 年 12 月 10 日
AD：犹他州，瓦萨奇山脉，阿尔塔滑雪场

在海拔 10000 英尺（约 3048 米）的地方，空气十分稀薄，让人呼吸困难，上气不接下气。这里天气极寒，温度低至 –42℃，天空也总是铅灰色。

上午，又开始下雪了，纷纷扬扬的雪花从让人压抑的云层里翻飞而下，眼前几米之外就什么也看不清楚了。能否准确掌握天气情况对这个度假城市至关重要，如果天气预报认为准确，那么这里将在三天后迎来第二场暴风雪。往返盐湖城机场 60 英

里（约 96.56 公里）长的道路已经封闭了，而乘缆车上山的漫长过程就像要飞到遥远的外太空一样，令人紧张又害怕。

这个时候，丘奇必须十分关心天气和能见度情况。刚下的雪粒积了足有四英尺（约 1.2 米）深，山顶的雪一点儿都没有融化，越积越厚。当他从山顶飞速滑到山腰时，滑雪板几乎没有留下痕迹。他每侧身滑一下，都有许多雪花飞溅到小道两旁的树林边缘上，他呼出的气在蓝色护目镜片上结成了各种图案的霜。

此时，丘奇近 30 岁了，身高 6.5 英尺（约 1.98 米），身材魁梧，四肢修长，是一个运动狂热者。滑雪只是他多项体育爱好之一。在佛罗里达州长大的他从没想过会对一项在寒冷天气里进行的运动产生兴趣。他以前玩过的滑板只有滑水板，那时他还是个孩子，还住在他亲生爸爸的空军基地里。14 岁那年，当他的妈妈把他从克利尔沃特市的一所教法死板的学校转到了马萨诸塞州的菲利普斯安多弗科学学校时，他开始接触到各种新事物，眼界也变得开阔了。

比起在佛罗里达州气氛压抑的公立学校度过的童年时光，安多弗对丘奇来说就像世界博览会一样精彩。一切都是那么引人入胜，学生们可以接触到无限的学习资源。他的同学们要么和他一样聪明刻苦，与他齐肩并进；要么善解人意，不会去打扰他的学习。丘奇如饥似渴地探索着各种学科知识，生物学、化学、高等数学都是他十分喜欢的学科，他的兴趣爱好也变得更广泛了。利用在科学大楼地下室里找到的闲置电脑，他自学了编程，甚至为了检验自己的能力还参与了一些黑客活动。

第二年的年末，他的老师们注意到他能力超群，授权他拿到了不同实验室的钥匙，可以独立地做自己的项目了。

在安多弗，他第一次接触到遗传学，他被这个领域的知识深深地吸引，他了解到每一个活细胞内都有遗传密码子——由化学分子碱基组成的 DNA 双螺旋结构，就像梯子的横栏一样。这些 DNA 双螺旋结构包含了所有生物的基因编码信息，例如眼睛的颜色、手指和脚趾的长度。当时，遗传学的研究还处于起步阶段，在生物领域中一点也不受关注。想要改变世界的人们并没有深入研究遗传学，他们在遗传学以外的广阔领域内做着重大贡献。

急转弯时，丘奇压低了身体的重心，加快了滑雪的节奏，滑雪杖在风中飞快地挥舞着。他匆匆向后瞥了一眼，没有看到任何同事。早晨和他一起从基地出发的同事们已经被他远远地抛在了后面，无影无踪了。他们可能就在他后面不远，也可能在上一个岔路口时就和丘奇走散了。据他所知，他们很可能停留在了山上的一家咖啡馆里，正在火炉边喝着可可饮料呢。

过去十年间里，丘奇做事不再不紧不慢，他从安多弗大学转到了杜克大学。他一直急于快速完成大学学业，甚至跳过了很多大一、大二的课程，直接开始了高等自然科学的学习和研究。在杜克大学，他学了许多不计学分的课程，也完成了很多科研工作，尤其是与实验室研究相关的项目。在攻读化学和动物学学位的同时，他还在继续学习遗传学。在第二学年之前的暑假期间，他申请了一些学校的研究生，并被包括哈佛大学在内的几所大学录取，但最终他选择留在杜克大学。

丘奇开始专注于研究晶体学，这个领域似乎是他所有兴趣的自然融合：数学、计算机、化学和生物学。他尤其佩服主管晶体学实验室的金宋候（Sung Hou Kim）教授，他刚从麻省理工学院完成博士后工作来到这里。丘奇第一次走进这位年轻教授的实验室，是来参加第二学年的实践工作初试，当时，金教授正在一个很大的铜质工具箱前忙活着，用一把精巧的钢扳钳敲击着那些纳米级材料。看到丘奇走进来，金教授微笑着打招呼。丘奇爱上了这个充满活力的实验，当即认定，这儿就是属于他的天地。

丘奇痴迷于金教授实验室里的各种研究，没有再去上学业内的其他课程了。他通过自学成了一名 RNA（核糖核酸）研究行家，可以让信使 RNA 分子在细胞内转录不同任务并可以合成产生性状的蛋白质。不久以后，丘奇每周泡在金教授实验室里的时间就超过了 100 小时。

直到收到来自杜克大学的官方邮件，丘奇才意识到自己不能获得博士学位。尽管他在第一年就发表了五篇优秀的论文，但按照学校的规定仍不能拿到学位，问题出在他没上过任何一门必修课，而且有两门课程不及格。事实上，这两门课程他在本科期间就高分通过了。

数年后，他还保存着那封邮件，时时提醒自己差点亲手毁掉整个人生。

亲爱的丘奇先生：

上学期考核记录显示，你有一门专业课成绩不合格。专业课考核不合格将视为放弃攻读博士学位（参见杜克大学研究生院公告第 58 页）。因此，你将无权申请杜克大学生物化学系博士学位。

我们对此表示遗憾，但必须照章办事，并希望你在杜克大学的学业追求未能成功的这些情况不会妨碍你日后成就辉煌的事业。

受到这样的处理对丘奇来说是一个沉重的打击，他在短短两年内就完成了本科学业，却在不到一年的时间被研究生院开除。在学术界，这是一个重要而痛苦的教训。某些时候，无论你在做什么样的独创性研究，守规矩、按要求完成学业也是很重要的。丘奇本打算就此放弃攻读博士学位，专注于实验室的研究，但是金教授指出他的想法是目光短浅的表现。金教授要他在当一名技术员和拥有尖端创新的自主权之间做一个选择，如果他按照目前的路径继续做研究，他永远都不会有任何决定权，永远受人支配。丘奇听取了导师的建议，这也挽救了他的学术生涯。

山坡的又一个转弯处，丘奇的滑行速度飞快，他感到外侧的滑雪板完全脱离了地面。有那么一瞬，丘奇甚至觉得快要失控滑倒了，他全力调整平衡，重新找到重心，又继续沿着山坡飞驰而下。

丘奇并没有觉得进入哈佛大学攻读博士学位是一件意义深远的事情，和在杜克大学相比，他在哈佛大学的博士研究非常顺利。毕业后丘奇在波士顿的一家生物技术公司工作了六个月，又在美国西部待了几个月。随后，丘奇又回了东北部地区，在这里他收到了好几个岗位邀请，甚至差点接受了耶鲁大学的聘用，不过无一例外的是，他们都不愿意为丘奇投入充分的资金建设实验室，了解到这些时，丘奇没有选择这些岗位。后来，一场演讲后，丘奇机缘巧合地接触了正在制造原子弹的利弗莫尔实验室，他决定到那里去面试，看看情况。不过在依次经过三道铁栅栏网才能靠近设备时，丘奇立刻做出判断：这也不是他想要的理想岗位。

幸运的是，丘奇在哈佛大学工作的朋友加里·鲁夫昆（Gary Ruvkun）告诉他，哈佛医学院基因系有一个岗位空缺，虽然丘奇并不完全符合岗位要求，而且招聘工作也已经结束了，但丘奇还是提交了申请。面试时，他提交了自己的博士学位论文，文章介绍了一种分析基因增强子的新方法，这种方法被应用于DNA结合中。这篇文章十分吸引人，于是他得到了这个职位，但是他真正想研究的还是基因测序——使用更快、更好、成本更低的方法来读取基因物质。

此时，基因读取技术的研究还处在初级阶段，尽管詹姆斯·D. 沃森（James D.Watson）和弗朗西斯·克里克（Francis Crick）早在1953年就发现并定义了DNA双螺旋结构。如今，基因物质是由亿万个有机分子构成的已经成为一种共识。这些有机分子被称为核苷酸（构成DNA和RNA的核酸基本单位），这些核苷酸是有特定序列的，这种序列产生了不同机体中每个细胞的不同基因，而且所有基因特性都有编码。

但是，分离和读取这些序列是非常困难的。1977年，弗雷德里克·桑格（Frederick Sanger）首次仅对一种简单病毒进行了完整基因组测序。任何高中生物老师都清楚 DNA 是由四种物质构成的——腺嘌呤、胞嘧啶、鸟嘌呤和胸腺嘧啶，简称 ACGT。他们往往成对存在，和氢结合后形成一个分子，像一个旋梯上的阶梯一样。基因物质在每个细胞中被复制，这对了解生命的本质无疑是有指导意义的。但是，想弄清楚这些指导性内容的具体含义，了解什么样的核苷酸序列会产生什么样的具体特性，就难上加难了。

分离和读取基因组代码的过程本身就需要用到大型设备，将基因物质装在这些设备中并用巨型纸张覆盖，然后再浸入用煤油作冷却剂的大水箱中。因为工作电压会高达 6000 伏，科学家必须在实验室里放置大量灭火器，以防止实验过程中发生爆炸。后来，实验过程有了更为精密的改良，降低了起火的可能性，但研究员仍然需要在实验室四周围上许多长达一米的笨重玻璃挡板。接着，一种被称为“毛细管电泳”的自动化技术出现了，这种技术被应用于许多拥有大型设备、耗资巨大的实验室中。

作为博士阶段研究的一部分，丘奇已经开发了一种可以用多重通道读取基因物质数据的技术，这从实质上加快了基因物质读取的速度，也通过一次性多股测序大大降低了实验成本。丘奇形象地把这个变化比喻成他们从沼泽地搬迁到充满魅力的小城市，而他的最终目标是住进先进的大都市。从一开始，他的多重通道技术就获得了学术界的巨大关注，过去需要几个月甚至更长时间的实验，现在几天就可以完成。

丘奇计划着去犹他州旅行，可距离出发还有几个星期时，美国能源部打电话到他在哈佛大学的办公室，邀请他加入一项特殊的研究计划，丘奇原本以为这个计划和他研究的多重通道基因测序技术有关，但出乎他预料的是，政府完全不是这样想的。美国能源部召集了遗传学的顶尖科学家们，试图搞清楚美国在日本广岛投下第一颗原子弹后，居住在下风向的人口中基因突变的发生情况。

丘奇是受邀科学家里最年轻的，其中还包括十七个科学界鼎鼎有名的人物。即便如此，他并没有像能源部期待的那样对这项工作表现出极大的热情。他研究基因学的目的可不是去解决战争中使用核武器的后遗症。但美国能源部的大卫·史密斯（David Smith）与其他高级官员们却给了丘奇两个很有吸引力的理由。理由一：这次会议将在1984年12月9日（星期日）到12月13日（星期四）期间举行，地点选在一个著名的滑雪胜地，那里刚下过雪，滑雪条件极佳；同时，会议由美国能源部与国际预防环境致突变物和致癌物委员会出资举办，绝对是一场乐趣无限的盛会。理由二：一些一流科学家已经接受了邀请前去参会，其中好几个都是丘奇迫切想结识的专家。这两个理由一起摆在他的面前，任何一个都足以让丘奇充满激情地去参会。

科学家们在犹他州阿尔塔聚齐后很快就得出了一个结论，没有任何可信的方法能测验出化学或核爆炸对居住在下风向的人们的细胞造成了怎样的影响。几场暴风雪把大家困在了原地，于是，科学家们干脆决定花些时间登上坡顶，一起泡个热水浴，最后在那里的主题餐厅里畅谈，天南地北地说些他们感兴趣的事。

丘奇发现，大家随意的交谈最后都神奇地变成了重要的共识性观点。他确定，这是这么多杰出的科学家聚在一起长达五天时间的结果。第一晚的深夜，大家就谈到了读取完整人类基因序列的问题。

通过确定 ACGT 的所有序列，科学家可以从细胞层面找出人类与其他生物的不同。这是一个和人类最初登上月球的设想同样大胆创新的想法，后者使得人类走向了外太空，踏上了月球表面，而前者却是一次探究人类本身特质的冒险，也是一次朝着弄清人类根源的尝试。

首先摆在科学家们面前的是这个项目的经费问题。根据当时的估算，研究每一个基因碱基对需要一美元，这个研究总共需要 30 亿美元。丘奇是唯一带了电脑的人，一台 TRS80 系列 100 型号的电脑，重约 1.5 公斤，这是笔记本电脑时代还没有到来时的一台轻型电脑。于是，他很快对极其荒凉的生活环境做了一次现状核实，这也是他和其他学者都关心的问题。

几乎同时，美国能源部就开了支票。八十年代的美国政府最擅长的事就是用经费支持科学项目的发展。对丘奇来说，这意味着他一回到波士顿就要开始火速撰写资助申请书。早前，丘奇被很多实验室科研人员嘲笑，嘲笑他是哈佛大学唯一不知道如何正确申请足够科研经费的人。但这次“人类基因组计划”，作为研究人类基因图谱的成果很快就会被大众知晓，这样，丘奇申请不到经费的历史马上就要被改变了。只要是关于人类基因图谱方面的研究申请，很快就会有可观的支持经费划拨下来，甚至一个毫无研究基础而只有奇思怪想的基因申请书撰写者，也能从中捞到一些好处。

“人类基因组计划”像闪电一样迅速地进入了生物科学研究领域。但从 1984 年那个山林小屋里的初步构想开始，经过那一周暴风雪中的思想交流和酝酿，这门学科终于变成了一个卓有成效的研究领域。

丘奇挡开了迎面而来的一团雪，紧接着将身体侧向了另一边，在雪地上留下一道浅浅的弧线。或许是朦胧的灰色光线恰好穿过低垂的云层透了进来，或许是雪花在空中翻转飞舞，他没有看到眼前从山坡边缘突出来的树桩，他前面的滑雪板成功地清除了冰冻的树枝，但后面的滑雪板却碰到了一个令人讨厌的突起物。丘奇向前扑倒，颀长的身躯从滑雪板的前端摔了出去。

幸运的是，刚落下的雪粒非常松软，即使头着地也没关系。丘奇摔在地上，翻滚了出去，掀起了一大片雪雾。

他终于停下来了，从雪堆里挣扎着爬出来，胡子上挂着一绺雪花，就像圣诞树上的装饰品。这时，他的两个同事赶了上来，在不远处急停下来。

第一个到的是能源部的大卫·史密斯，他拿下护目镜把丘奇的周身看了一遍，开玩笑地说，“我差点以为你出事了，那对人类基因的测序工程可不是件好事情！”

丘奇也笑了。

他似乎总能弄出点动静，给别人留下深刻的印象。

08

爱情与冲突

TIME：5 年前，1979 年 12 月 14 日
AD：哈佛大学，威克斯桥，剑桥市，马萨诸塞州

凌晨 12 点 10 分，吴昭婷探着身子伏在威克斯桥古旧的栏杆上，望着查尔斯河幽暗的水流，心里禁不住感慨，为什么这个绝顶聪明的人却做出了让她失望透顶的事情。

从小时候起，周围的人就亲切地叫她婷，此时，丘奇和她并肩站着，有些尴尬，也假装望着河面。丘奇对她是完全真心的，他心里在想些什么，婷也是知道的。丘奇无心欣赏晶莹的河面上舞动的月光，虽然这月光在河水的折射下显得愈加皎洁，

水分子还是处于冰水临界点以上的液体状态。他也无心观赏积雪覆盖下河岸边不断松动的冰块，它们在水里毫无规律地打转、浮沉，这里面蕴含着千千万万与水流、风速、温度有关的逻辑关系。

婷知道丘奇并没有心思看眼前的河水、浮冰和月光，他一定是正在回味今晚他俩相处的每一个细节，从丘奇在住所接到她的那一刻起，到他们一起参加同学聚会，再到他终于鼓起勇气牵起婷的手的那一刻，多么美妙而神奇。无疑，现在他在想，下一步该做些什么。丘奇沉思了很久，也只是呆呆地站着，仅仅是靠近了婷一些，这种矜持反倒让婷觉得很开心。他们手牵手紧挨在一起站在桥上，丘奇的另外一只手不经意地扯着他那浓密的胡子。

从婷的真实情感来说，她并没有想过会有这么一刻。她在丘奇进入哈佛大学不久后就认识他了，他们同修了一门有关染色体的课程，当时丘奇就坐在婷对面的位置。丘奇很高，很少说话，但每次他的发言都观点新颖，也富有见解。虽然如此，大家还是开始管他叫“金口乔治”，似乎所有人都不太喜欢他。

婷很快就喜欢上了丘奇，认识的第一周内，他们就一起聊了很多有关科学的话题，不过他们也只聊科学。他们要么约在哈佛的一座图书馆里交流思想，要么沿着查尔斯河绕着哈佛校园边走边谈。哈佛校园里到处都是无比醒目又古色古香的地方，从韦德纳图书馆的石头建筑到一些砖头和仿古玻璃建成的老宿舍，如赛耶宿舍楼和威戈沃斯宿舍楼。和这些古老的建筑不同的是，他们谈论的话题是非常新颖和前沿的，例如晶体学、生命科学、基因重组科学等新领域。

和丘奇不同，婷喜欢上生物学完全是很偶然的原因，她到哈佛大学的初衷是学习数学。为了补贴自己完成学业，她申请了勤工俭学岗位，在生物实验室里做清洗工，在这个过程中，她意识到生物科学才是她喜欢的领域。自然界的简单美和数字的纯粹美有那么多的相通之处，围绕这个话题，她和丘奇之间有千言万语可以交流。婷非常喜欢有这样一个可以只讨论深度科学话题的男性朋友。

因此，有一天，在图书馆内，丘奇突然对着她表明爱意时，婷感觉有些惊慌失措。丘奇想让他俩的关系更“世俗”一些，这让婷感到说不出的失望。她觉得这个不平凡的朋友突然变得不那么超然物体了。

从那一刻起，婷就开始躲着丘奇，只要他在大厅里朝她走近，她就躲进最近的楼梯间里。几个月过去了，她还是无法抹去对他的失望，她内心里愿意同丘奇在任何时候讨论科学话题，但这种交流并不能让他们彼此相爱。但是，很明显这只是婷一个人的感觉。

就在几天前，一个朋友告诉婷，在研究生院的舞会上，丘奇拒绝了很多邀请他一起跳舞的女孩子，这让婷觉得自己不能再袖手旁观。于是，她决定找丘奇谈谈，劝他去找其他心仪的女孩。

丘奇的反应让婷非常意外，他宣布，将用五年的时间等待婷重新考虑。婷知道，他不是随便说说而已，丘奇的意志力和决心是众所周知的。来研究生院之前，丘奇曾经志愿参加了麻省理工学院的一个营养学研究，内容是仅靠一碗玉米淀粉和一试管氨基酸维持连续四十五天的生活。更难的是，他还要完整记录下身体的所有变化，包括每天的营养摄入情况和排泄情况。那就意味着他每天要带着大量仅摄入少量玉米淀粉和氨基酸后的结果记录返回实验室。参与实验的其他人没有一个坚持到实验设计的一半时间，但丘奇却从没想过中途放弃。

五年时间的等待可不是在公园里散步那么简单。于是，婷决定和丘奇进行一次约会，一次会让丘奇知道他俩在除了图书馆以外的地方相处是多么不协调的约会。

舞会后，也就是几分钟前，他们在威克斯桥上散步，他们的手牵在了一起。婷惊讶地发现，自己之前的想法是错的，而丘奇是对的。

TIME：1990 年 12 月 14 日
AD：剑桥市政大厅
马萨诸塞大街 795 号
剑桥市，马萨诸塞州

距离他俩第一次约会已经过去了 11 年，婷和丘奇还是手牵着手生活在一起。他们的爱情从威克斯桥上的第一次牵手开始，终于走到了市政大厅的结婚登记处。那天，工作人员从硕大的红木办公桌后面走了出来，当他宣读结婚证上的文字时，他俩毫不犹豫地签上字。

他们看了看四周，墙壁、楼梯，还有天花板都用华丽的木板装饰得非常典雅，地板大多是大理石的。远远望去，这座三层石造大楼气势恢宏，拱形窗户突显着它的罗马风格，高耸的钟楼把影子投在热闹非凡的马萨诸塞大街上。房间里面虽然有大理石和木材，但毫无疑问，这是一座已有百年历史的政府办公楼。

丘奇和婷非常喜欢这里的一切，他们都主张操办简单低调的婚礼。他们想结婚也仅仅是觉得时机到了，因为他们已经计划着生孩子的事了，他们没有想过举办传统的婚礼，甚至没有想过特意告诉身边相熟的人他们结婚的消息。实际上，他俩是骑自行车来到市政大厅的。但是，为了显示对这个庄严时刻的重视，

婷也挑战了自我，破天荒地第一次穿上了裙子。这倒也和婚礼的另外一个细节十分相称，他们请的证婚人是市政大厅里拥有酒类营业执照的办事员。

婚后的11年时光里，丘奇和婷的生活节奏没有发生变化，他们都是真正热爱科学的人，只要待在一起，他们聊的就是科学。当然，在社交方面，婷帮助丘奇变得不再沉默寡言了，他现在常常和别人聊天。婷的朋友们很喜欢他，认识他的人都很羡慕他，因为丘奇虽然是个大块头，满脸胡子，智力惊人，但却让人觉得很亲切。

在哈佛大学，丘奇的事业全面开花，从他从事的多重通道基因测序技术到他帮助“人类基因组计划”的创建工作都取得了重大成就，他的科研工作的发展势头非常强劲。丘奇的实验室规模和他在哈佛大学的影响力一样与日扩张。他成了科学界独树一帜的人物，而他的实验室里也吸引了大量卓越的人才。然而，丘奇在意的不是学生的成绩等级，也不是实验室的员工数量，而是这些人的创造力和攻坚克难的意志力。基因技术一定会变得更加快捷，更加智能，成本也会越来越低，丘奇的目标就是建立一所有绝对领先地位的实验室。

婷的科研之路就没有那么顺利了。她曾致力于通过染色体的机理分析来进行果蝇的遗传学研究，她最初把精力放在了果蝇的染色体端粒研究上，目前她专注研究染色体间的相互作用。就像地球上的所有生物一样，果蝇的基因组是由许多 DNA 链条组成的，这些链条就是果蝇生命体的基本单位，以特定的编码形式决定了果蝇翅膀的长度和身体的颜色等。同时，这些 DNA 链条形成了独立的染色体。与人类有着 23 对染色体，即 46 条染色体不同的是，果蝇只拥有 4 对染色体。染色体端粒是一种重复 DNA 序列的特殊结构，位于所有生物的每一条染色体的末端部分。染色体端粒可以保证染色体精确复制，防止染色体在复制过程中降解以致生命机体发生疾病。从根本上说，染色体端粒起到化学缓冲剂或是汽车保险杠的作用，帮助遗传物质保持完整性。尽管染色体端粒起到保护作用，随着时间的延长，染色体端粒也会变短，直至消失。这一过程科学家称之为生物衰老的起因。

婷的科研项目很复杂，强度也很大，不过她乐在其中。但是当她想去丘奇任教的遗传学系做老师的时候，麻烦事很快就来了。尽管她和丘奇当时还没有结婚，也只有极少数人知道他们是夫妻关系。遗传学系的系主任却明确地说，如果婷和丘奇在同一部门工作，该系的利益会受到影响，她一定不会被接纳。

这让婷大为恼火，她认为，她与丘奇的关系完全是私人的事情。况且，在现代社会，如果还认为一个人的私生活会影响

她的专业能力，这无疑是滑稽可笑的事情。婚姻关系就像肤色一样，是个人特征，不应该被用来衡量一个人的价值或能力。

事实上，她和丘奇觉得没必要向任何人透露他们的私生活状况。婚后不久婷就怀孕了，她的很多朋友都担心她一个人抚养孩子会面临困难。婷也解释过，“我和乔治已经结婚了，我们相识已经 11 年了。”

由于大学没有官方政策禁止女科学家申请与她们丈夫同一个部门的工作岗位，婷不顾别人的警告，坚持申请了遗传学系。当然，为了防止意外情况的发生，她也申请了另外一个她感兴趣的系，最后她被解剖学系录取，此后不久，她就休了产假。

休假快结束的时候，她发现解剖学系被解散了，每一部分都分别划归了其他系，婷作为一名遗传学家，自然要申请调入遗传学系。然而，曾经拒绝婷进入遗传学系工作的系主任又一次进行阻挠。她和这位系主任约定见面沟通，但他们刚见面，对方就明确地表示他不希望婷在这里工作。他个人坚决反对招聘任何一位终身教授的配偶。只要这位系主任在职,任何情况下，婷都不能获得终身职位。最后，他干脆建议婷放弃自己的教师职位，去另一个教师的实验室里做助教，这样他倒是乐意婷待在遗传学系。

婷被彻底激怒了，她感到受了侮辱。因为她的血统，她遭受过种族歧视，因为她的性别，她遭受过性别歧视。现在她认识到，她与生物学界最有前途的一位男性的婚姻，竟然也成了她职业生涯的拦路虎。

丘奇同样感到震惊，他想要帮助婷，但在当时的情况下，以丘奇的一己之力也很难解决问题。于是，他和婷开始团队作战，婷在前线冲锋，丘奇负责刺探军情，做好参谋，提供他所能提供的一切信息。但作为科学家,这是他们完全不在行的事情，他们十分谨慎，很少有人知道发生了什么，而感觉到哪里不对劲的人则想知道问题是不是出在婷自己身上。甚至有人开始揣测，婷只是一个平庸的科学家，但因为她是丘奇妻子，这个身份让她想进入遗传学系工作，这正好替这位系主任的态度做了辩解。婷和丘奇也听到了这种讽刺的传言，但却无能为力。遗传学系分配了一个很小的实验室给婷，比通常提供给这个职位的教师的空间要小得多，而且学生也不被允许为她工作，这给她的工作带来了极大的困难。

每天早晨，婷和丘奇一起步行去上班，丘奇会右转走进一流的、资金充足的实验室，里面有许多才华横溢的博士后在协同工作，而婷只能左转走进一个壁橱一般大小的实验室，可以说，这个实验室小得连第二个人都站不下。丘奇觉得这种情况难以忍受。

到了婷该提名申请终身职位的时候了，婷和丘奇感到眼下的境况对婷的事业带来的伤害无法避免。尽管婷克服了重重困难，已成为她所在领域里的领军人物，甚至享有国际声誉。但不可否认的是，她所发表的论文数量和她的才干及付出极不相称。这些都是因为她缺乏创造学术成果奇迹的必要条件，没钱建设配置优良的实验室，也没有自己的科研团队。她知道要做什么，因为她别无选择。面对高级教师评议小组，婷提交了终身职位申请，同时附上了一份对自己之前工作境遇的情况说明材料。结果，评议小组主席没有同意婷的申请，其他组员也都明哲保身，置身事外。然而，婷还是达到了她的目的，毕竟，她已经为了公开和公正而大声疾呼了。

她的终身教师职位评定变成了一件哈佛医学院历史上最怪诞的事情。后来,她听说一些高级教员对她的履历感到十分困惑，甚至有人询问是否有不为他们所知的法律诉讼正在进行。那位系主任并没有过多解释，他只是粗暴地督促评审员们拒绝婷的申请。

这件事情的结果倒是早在婷的预料之中。她继续努力地开展科研活动，同时，她接触到一位新上任的女院长。这位院长了解到婷的情况时大为震惊，她立即给婷划拨了临时科研资助以示支持。在这期间,婷和丘奇也开始在其他大学寻找新的工作，如果婷无法在哈佛大学工作，那么他俩也就没有必要留在那里。然而，时任哈佛大学校长拉里·萨默斯（Larry Summers）终于了解到婷的遭遇和履历。

不久之后，那位女院长又一次约见了婷，她声明要打破常规，果敢采取行动来重新审核婷的终身教师职位申请，当然，这些不会通知那位系主任。当时，婷和丘奇准备在华盛顿大学西雅图分校、华盛顿大学圣路易斯分校和波士顿大学三所学校中做选择，甚至已经开始憧憬到友善环境中的生活。让婷放心的是，她的职位复审一定会在他们与其他大学签订新合同之前完成，因此，去留问题倒不会让情况更复杂。婷非常赞赏这位新院长的做法，对此也深表感激，这才是正确的做法。不久，婷收到了正式通知，她的终身职位已经获得批准，这将是拉里·萨默斯卸任哈佛大学校长前批准的最后一个终身教职。更令人欣喜的是，那位歧视她的系主任也很快被解职。

遭受了长达 17 年的学术歧视之后，婷的学术成就被认可的速度和力度都超乎寻常，这些来自部门外的肯定对婷意义深远。此时此刻，终身职位只是一个管理层面的称号，更重要的是，在哈佛大学的围墙外，她凭自己的实力被公认为科学家。

现在，婷面临一个抉择，有大学愿意将丘奇和她的实验室搬过去并主张他们的夫妻关系与此毫不冲突。当时，丘奇的实

验室中有 50 多人，这样做会中断那些实习生的科研活动。另外，他们也可以选择继续在哈佛医学院工作，这样可以让实习生们免于科研之路中断的危机，毕竟这种危机很容易让许多有抱负的科学家从此偏离人生轨道。最后，婷选择了勇敢地面对现实，留在了哈佛医学院。

总之，这是玩弄权术带给科学界的一次惨痛教训。像“人类基因组计划”这样的大型项目可能会改变资金的流向，然而，玩弄权术却会影响科学家们的生活方式和工作情况。权力体系往往是专制的，当权者的个人好恶也往往会影响科学家们的正常生活。

实验室的问题解决后，婷的事业得以稳步上升。她连续获得让人艳羡的“高风险，高回报”的国家卫生研究院奖项，总额近 1000 万美元，用于奖励她开拓的新技术。目前，这一技术启用了一些高分辨率的基因组影像，想寻求一种全新的想法来防治疾病。婷不时会想，如果没有耗费 17 年的时间来争取平等，她还能获得什么成就呢？不过大多数时间里，她都打算通过努力工作和生活来弥补逝去的 17 年岁月。

其后的日子里，丘奇铁了心不让自己的学生受到校园权术的侵扰。丘奇和他实验室的工作不是为了应对一些官员或法庭的烦琐事务，他们要攻克的难关是生物学技术本身。

丘奇制定的规则只有一条：攻克一切难关。

婷和丘奇手牵着手站在治安官员的面前，他们慢慢意识到了周围的人们对待他们夫妻的态度是多么的不同。但是他们充满信心，决定要并肩推动科学走出舒适地带，走向一个只有思想卓越的人才能看到的未来。

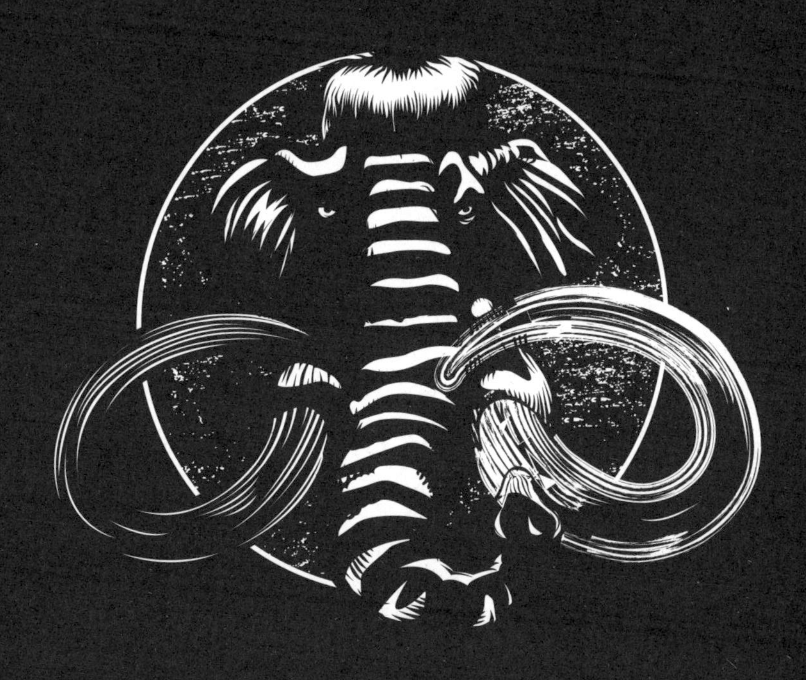

第二部分

诗人看到美丽的花会怦然心动，大肆赞美它的多彩艳丽，但他的眼睛却找不到花的木质部分、韧皮部分、花粉、繁殖千代的花种，以及它们数十亿年前的形态，只有科学家才能掌握和了解这一切。

——乔治·丘奇

我们体内的每一个细胞，不论是细菌细胞还是人体细胞，都具有基因组。这个基因组有点儿像一个线性磁带，可以提取出来，而且有多种读取方法。正如你能识别一串字母那样，同样，你也可以改变基因组。你可以对它进行编码和修改，然后再把它重新放回细胞内。

——乔治·丘奇

09

基因测序

TIME：2008 年初秋

AD：路易 · 巴斯德大街 77 号，波士顿

人生中，总有一些始料未及的事情让人夜不能寐。

实验大楼二层尽头的拐角处，一间特别敞亮的办公室正中央，丘奇斜靠在椅子上，瘦长的两条腿交叉着放在办公桌的下面。挂完电话有一阵子了，丘奇的右手还搁在面前的电话机上，双脚不停地轻叩着桌下的地毯，这样他可以冷静地思考问题，这是老习惯了。

电话是一位记者打来的，他提到了一个令人惊讶的话题，

挂完电话后，丘奇就怔怔地盯着那台电话机坐着，他不清楚具体坐了多久。光线从窗底折射的影子投在这间宽敞而朴素的办公室的墙上，丘奇从不断移动的深灰色阴影上判断，时间已经从下午到了傍晚。但这是在新英格兰的秋天，他对时间流逝的判断不是非常准确，但在哈佛医学院，他打开身后的门朝着实验室的方向看了许久，还是没有弄明白现在具体是什么时间。丘奇实验里的年轻科学家至少有七十几人，他们都把丘奇实验室当成了自己的家，大部分人已经不需要用手表、钟表或者太阳光来判断白天和黑夜的交替，他们对这座哈佛医学院新无菌混凝土大楼以外的任何东西都不感兴趣。每个星期三的午夜时分，从丘奇的办公室向外看，你可能会看见二十多个戴着有机玻璃无菌帽的博士后才簇拥着乘电梯离开大楼。

通话结束已经几个小时了，丘奇的心思又回到了刚才的那通电话上，其实他一直在思考这件事。平时，他总是早早地整理好东西就回家，希望能早点见到婷和他们刚满十七岁的女儿玛丽。当然，玛丽也理解她的父母工作起来就没个准时间。她是在实验室里长大的，她的科学家父母非常疼爱她，他们把玛丽看得比任何实验都珍贵。在玛丽两岁生日派对上，婷和丘奇摆了一排培养皿让所有孩子用不等分量的维生素去种豆子，然后让他们观察营养素在植物萌芽时期所起的作用。

与此同时，丘奇正在做藻酸盐和石膏的铸模实验。注意到女儿总是抓着他的大拇指才能睡着的时候，他用玛丽的一个吸管杯作为铸模，做了一个和他的拇指大小一致的手指模型，连指甲都一模一样。这样，当他出差的时候，这个模型就可以用来哄玛丽睡觉。玛丽 3 岁生日派对上，他们按照玛丽的脸庞制作了一副藻酸盐模具。5 岁生日派对上，他们用发光二极管做了许多带实验电路板的手电筒。

在玛丽的同班同学看来，玛丽的爸爸是个科学狂人，不修边幅，胡须和头发总是乱蓬蓬的，玛丽也觉得自己的父母确实与众不同。每个晚上，她家餐桌上的话题都特别晦涩难懂，讨论中，父母频繁交换立场，这让玛丽很难跟得上他们的思维。她爸爸的想法总是离奇古怪，但是，她妈妈经常也是这样，他们要么互相肯定，要么互相挑刺。有时候，玛丽也会加入辩论，要么肯定父母的论点，要么指出他们的问题。

虽然玛丽和婷没有对丘奇的晚归感到十分意外，但丘奇还是想听听她们对这通电话的看法，尤其是婷的看法。因为对于电话中所谈及的生物学领域的问题，妻子的造诣和他不相上下。婷一定会明白丘奇内心的想法，但他不能确定她是会支持丈夫追求极致，还是会让他脚踏实地继续目前的研究。

丘奇起身朝书架走去，架上的书摆放整齐，占了大半个办公室后墙。他花了几分钟时间找出了他在杜克大学读书时用过的部分动物学教材。大部分书都折角了，封面也褪色了，当然书中的一些知识也早已过时。丘奇又找到了几本初级的动物学教材，把它们全部摆在了电话机旁。他把书全翻到了同样的章节，这些章节都和一种特殊的动物种群有关。

他坐了下来，边翻看着书本里不同的图片，边思考那通电话里谈到的话题。

并不是每天都有记者打电话来和他讨论他如何创造奇迹——尽管也不少。在过去的十五年里，丘奇和他团队中的杰出科学家们极大地拓宽了遗传学的研究领域，他们坚持不懈地对多个项目做了深入研究，如研究转基因蚊子来对抗疟疾，或者改变细菌的分子结构从而生成功能强大的新材料。丘奇在几乎所有顶尖的科学杂志上发表了上百篇突破性的论文，他研究成果颇丰，其中六十多项获得了专利。他改变了基因测序和基因工程的实践方法，使十几家公司相形见绌。

理论上来说，丘奇实验室“伞状结构”下的许多项目都需要认识并治疗疾病，但对 DNA 测序和使用的能力却有着广泛的应用前景，因为 DNA 是生命的基本组成部分。作为早期变革者之一，丘奇知道只要有足够的时间和资金，基因工程能对人们的物理形态和物质生活产生不可思议的改变。

2003年，丘奇曾协助创办的“人类基因组计划”已经完工，耗时还不到计划中的十五年时间。主动发起和推动这项计划的科学家们估计，整个项目要花费约30亿美元。过去的19年里，丘奇的多重通道基因测序技术得到了不断改进和完善，他相信终有一天完成类似复杂程度的测序工作只需要不到1000美元。使用丘奇的方法，整个项目的开支没有超过一百万美元，而且仅用了短短几年时间。时至今日，这项工作的耗时仅仅是原来的零头而已。

丘奇也曾尝试研究合成生物学。在这个新领域里，科学家们通过对基因进行测序，然后剪裁细菌等最基本的生命形态，从而完成惊人的，也是意义重大的各项任务。细菌可以被编辑合成像圣诞节彩灯一样的发光体，以废弃物为养料，甚至还可以做生物燃料。

在多重通道测序和合成生物学两个领域之外，2006年，丘奇还投入了一个可能改变世界的事业——“个体基因组计划”（Personal Genome Project，简称PGP）。“个体基因组计划”想要将“人类基因组计划”推进一步，使其能够为人类个体造福。“个体基因组计划”并不是对单个无个性特征的人类基因测序，而是完成大量志愿者的基因测序，然后将所有志愿者的基因序列、病历档案以及其他信息一起公开发布，最终建成既有个体医疗信息，又有基因数据的公共数据库。这个数据库将确保药物可以有效治愈各项疾病或者解决其他与特定基因组序列相关的问题。换句话说，就是让医生可以采用综合治疗方法治愈一些个体特殊病例。这个计划也将推动测序技术向前发展，同时降低基因测序费用。

丘奇本人就志愿做了“个人基因组计划”的第一个试验对象，他同意对自己的基因测序并且把相关信息在网上公开，他也已经公开了自己的病例档案。只要带着血检报告、临床病况，以及饮食习惯记录就可以直接在网上找医生诊断病情。为使这个项目顺利开展，丘奇的身体状况，小到每一个细胞都是众所周知的事情了。

几年来，丘奇逐渐习惯了现场谈论实验室里那些开创性的工作，还可以自如地应对记者们有关他的实验室同事或基因研究对手们的各种问题。他始终对自己充满信心，他强烈地意识到科学面向大众之后会发展得更快，受益的人也会越来越多。

接到《纽约时报》知名科学作家尼古拉斯·韦德（Nicholas Wade）的来电时，丘奇一开始并没有感到惊讶。相反，让他惊讶的是韦德打电话来并不是为了讨论“个人基因组计划”，或者他的任何一个其他项目。他谈的是猛犸象。

韦德在写一篇关于宾州州立大学一个科研团队的报道，这个团队即将通过论文宣告他们将尝试解码一种史前生物的遗传物质。他们从北极圈采集到了一根毛发样本。宾州州立大学的科学家们认为只要花费 200 万美元左右，他们就可以对猛犸象进行基因测序。

丘奇认真地听完了韦德所说的事情，他似乎预感到这次谈话会给他带来什么。两年前，他曾和美国公共电视台摄制组讨论过类似的问题，那时候他没有认真考虑过这个话题，但是这次谈话却促使丘奇把它当成是一项真正的实验项目来思考。其实他不是这方面的专家，只是曾经主修过动物学专业，也喜欢野生动物保护方面的一般性知识，所以对猛犸象有所了解。这种标志性生物因为受不了最后一次冰河时代末期环境的变化，加之史前人类的大量捕杀，早在一万年前大部分已经灭绝了。它们身高超过十六英尺（约 4.9 米），体重可达二十吨，部分猛犸象略带红色的长毛。虽说电视和电影里的猛犸象大多是一种颜色，但实际上它们的毛色分为好几种，就像人类的不同肤色一样。和它们的近亲现代大象不同，猛犸象体内逐步形成了一种特殊的血红蛋白，它们可以在温度接近冰点时在细胞中持续起不定时长的作用。猛犸象已经完全适应了极其恶劣的气候，它们短小的耳朵和尾巴可以抵御严寒，生存在北极区，北部的西伯利亚干草原和北美洲。即便如此，它们还是灭绝了，三千多年前，在远离俄罗斯海岸的一个小岛上生活着最后一批为数不多的猛犸象。

十九世纪中期，北极圈的冰川地区发现了大量的猛犸象尸体。20 世纪末到 21 世纪初，全球持续变暖，冰川加速融化，关于猛犸象的发现也越来越多，甚至发现了少量保存完好的样本。

这是一个引人注目的话题，但韦德打电话并不是请丘奇也加入宾州州立大学的研究。对韦德而言，对冰冻的猛犸象进行基因测序还不足以成为一个能够登上《纽约时报》的话题。韦德期待的是更进一步的研究。

"就算他们成功地对冰冻的猛犸象尸体完成了基因测序，"韦德说，"他们能利用基因组工程技术复活猛犸象吗？"

丘奇未置可否地笑了笑。这其实正是他所喜欢的事——一种智力游戏，虽然不一定会有实质性的进展，但绝对会是一场非常刺激的脑力竞赛。

和其他许多人一样，丘奇也读过迈克尔·克莱顿（Michael Crichton）的小说《侏罗纪公园》（*Jurassic Park*），并且看过据此改编的电影。不过，和别人不同的是，丘奇实验室里解码细菌 DNA 的一些场景在这本书里也出现了，只是被称为恐龙 DNA。他也知道《侏罗纪公园》是一本纯粹的科幻小说。

由于种种原因，从困在琥珀里的史前蚊子身体中提取遗传物

质来克隆恐龙的想法是不可能实现的。恐龙在 6500 万年前就已经灭绝了，这意味着我们无法获得尚存的恐龙 DNA。没有任何遗传物质能够存活那么久，甚至短很多也不行。DNA 会受到宇宙辐射的侵蚀或是被土壤中的霉分解，这些都使 DNA 完全毁坏。目前所发现的恐龙化石中没有发现任何遗传物质，更没有可供基因测序的 DNA，将来也不会发现这种恐龙化石。从细胞层面上讲，一只被困在琥珀中数百万年的昆虫和琥珀本身已经没有任何区别。它的外形还是一只史前昆虫，但它已没有任何 DNA。

丘奇认为，任何情况下都不可能对 6500 万年前的恐龙 DNA 进行基因测序，更谈不上在实验室里克隆它了，因为这需要完整的细胞核。

但是猛犸象却不一样。它们被从北极冰层中挖掘出来，处于未受任何损坏的状态，死亡的时候，它们被完整地快速冷冻起来。与恐龙不同的是，有些猛犸象尸体距今可能仅有几千年的历史。

尽管一些冰冻的猛犸象尸体的外观非常完整，但迄今为止，从这些死亡很久的尸体中获取活细胞的实验都以失败告终。

虽然被冷冻，细胞中的 DNA 在冰下长达数百年的时间里还是不断变质。除了在科幻小说家的想象力中，科学家们短期内不可能在实验室里使已经灭绝的动物再生。

但丘奇想的是，如果不需要从已变质的冷冻样本中再生猛犸象会怎样呢？如果相反，他采用了已有的其他基因工程的方法——用快速测序基因组和改性合成基因治疗疾病或培育新细菌的方法来再生猛犸象会怎样呢？如果能将猛犸象独有的遗传密码子移植到它的现代近亲种群身上，又会怎样呢？

乔治凝视着桌面上摊开的动物学书本，此时，好几张图片里的非洲象和亚洲象似乎也在从林里或草原上凝视着丘奇。从外形上看，它们似乎和那些浅红色、毛茸茸又极其耐寒的猛犸象祖先们有很大区别，它们曾在西伯利亚的冻土地带漫步。但现代象和它们的祖先真的存在巨大的差异吗？

丘奇并不是要明确地回答尼古拉斯·韦德的问题，他也没有打算发表任何声明。他向来不是一个爱主动惹麻烦上身的人，但作为一个涉猎广泛的跨学科科学家，丘奇常常会面对很多离奇的问题。当然，虽然他已经很注意了，但丘奇的回答往往也是离奇的。他总是谨慎地组织自己的语言来回答记者们的各种提问，也常常做出各种说明来替自己解释。当然，记者们并不是在挑衅，他们只是对什么是可能的，什么是不能被排除的感兴趣。

但是，在回答韦德关于是否有可能利用基因组工程技术对猛犸象进行基因测序的问题时，丘奇说：“这当然可能。”

几乎同时，他知道《纽约时报》将会出现一篇以这句话为题的报道。

现在，几小时过去了，他还一直看着这些大象的图片，陷入了对这个还处于理论层面问题的沉思。婷和玛丽早已吃完晚饭，应该是要上床睡觉的时候。但婷总是失眠，此时她肯定是醒着的，而且还等着和丘奇讨论各种各样的话题。也许他们的谈话会变成一篇科学期刊上的论文，也许会是使那些博士后非常紧张的思维训练题。但是此时，丘奇却心乱如麻。

随着对猛犸象基因组测序工作的讨论，丘奇相信他能够合成并将合适的遗传编码子植入现代大象的胚胎中，从基本条件上保障在现代大象的身体内可以培育出它们的祖先——猛犸象。

《侏罗纪公园》已经出版 30 年之久了，我们仍然无法从琥珀中培育出恐龙的遗传物质，但如果能得到恐龙的基因图谱，我们就可以得到相同序列的物质。我们虽然不能让猛犸象起死回生，但起码可以创造出它，需要的只是遗传密码子和一个合适的恒温箱。

第一步是收集正确的信息。DNA 样本不一定是完好无损的，但我们必须能从其中提取到猛犸象的遗传密码子的重要成分。要合成一种已灭绝的动物，我们需要正确的“秘方”。

这种“秘方”，丘奇在波士顿的高科技实验室里是找不到的。

10

抢手的标本

TIME：2009 年早春
AD：北极圈以北 600 英里（约 965.61 公里），科捷利内岛

帖木尔·卡恩（Timur Khan）从他产自俄罗斯的雪地摩托上跨了下来，一脚踩进了齐膝盖深的雪地里。用牦牛皮做的帽兜遮着他饱经风霜的脸庞，抵挡了正午阳光的照射。用了 20 年的托卡列夫步枪高高地挎在他的右肩上，木头枪托已经老化，斜搭在他腰间的弹药带上。事实上，他带着这杆步枪只能是做做样子，起不到防卫作用。尽管科捷利内岛是世界上连接着大陆板块的最大的岛屿之一，但因位于北冰洋纵深地带，又有冰

雪覆盖，岛上大多是寸草不生的荒地。除了最近重启的俄罗斯海军基地里的士兵们和一些大部分时间都被遗弃的科考站里的科学家们，他狩猎路上唯一能遇到的人就是像他一样的雅库特人。他的部落很小,所以自然能一眼就认出部落中任何一个猎人，也许，这个人还和他沾亲带故。

他带武器不是防备其他狩猎者和俄罗斯士兵，或者陌生的科学家。当觉察到危险时，他最担心的是遭遇北极熊。尤其是每年这个地区重新变成冰天雪地的时候，北极熊就特别活跃。即便是一杆全新的步枪在对付北极熊时也派不上什么用场，更别说他手里的步枪已经用了 20 年，还常用来刨冰、铲雪堆，已经严重腐朽。

雅库特人素来以临危不惧而闻名。50 多岁的帖木尔不仅在野外经验丰富，他还是一个可追溯到 18 世纪中期的狩猎家族的后代。那个时候第一批雅库特人开始向北迁徙,寻找更好的猎场。

300 年后，通往科捷利内岛的路途和大量北极熊出没的岛上同样凶险。首先，人们必须穿过长达 40 英里（约 64.37 公里）、连接岛屿和大陆的冰桥，有步行的，有驾驶雪地摩托车的。如果有人能在某次军事行动中给俄罗斯官兵一些好处费，他还可以搭乘装甲车；当然，如果有人能随时改变迁徙计划，或许他可以搭乘到为数不多的水翼船，那是前往北极站进行科学考察的。

一旦上了岛，人们就要花费大量时间小心翼翼地探路，脚下危机四伏：浮冰随时可能断裂或融化，冰川漂砾会毫无征兆地松动散开。人们随时可能遭遇北极熊，它们一年年变得越来越有攻击性了。这是因为气候变暖，它们本来的栖息地在不断缩小，正常的食物供应也受到了威胁。

帖木尔听说，过去的六个月内，就有三个猎人死于非命。其中两人就埋在距离他不到一百码的地方，第三个猎人的尸体一直没有找到，但帖木尔确定他残缺不全的遗骸就埋藏在这里的冰雪之下，下一轮北极温度上升的时候，随时会被从某个地方挖出来。

帖木尔可以确定的是，不管有没有北极熊，不管岛上有多危险，猎人们都会不断到来。在他的部落迁来之前，萨哈共和国北部的雅库特人就曾到过科捷利内岛狩猎，他们的祖先是游牧猎人。在更新世时期，遍及整个区域的大型草食动物一直都是他们的猎物，有北美驯鹿、野牛，还有驯鹿。但是现在，雅库特人的猎物已经完全不同了，都是极其珍贵的物种。

帖木尔把他的马鞍包从雪地摩托上卸下来后，和旧步枪一起背在了背上。包里装着他的谋生工具，几个军用钢铲和冰锥，还有一些可密封的盒子和一张木炭手绘地图。这张地图是他一个堂兄画的，他远行打猎后回到这里还不到三个星期。

帖木尔清楚地记得那天堂兄寻宝归来的情景，战利品横着背在他的背上，那是一根硕大的象牙。他小心翼翼地从背上解下象牙时，整个家族的人都围拢过来。这并不是一根完整的象牙，表面上有很多碎屑和裂缝，但它至少有 30 磅（约 13.6 公斤）重，从尖端到断裂的地方有近三英尺（约 91.44 厘米）长。

这根象牙非常漂亮，虽然冰雪覆盖了太久让它的表面变得有些发黑，但却一眼就能看出里面很洁白。这是一根很纯净的象牙，但不是普通大象的象牙，而是半截猛犸象牙。堂兄就是从帖木尔脚下这片古老的永久性冻土中把它挖出来的。

这是个价值不菲的珍品，但在所有挖掘出的象牙中却并不罕见。帖木尔所属的整个雅库特人部落都是靠搜寻和贩卖猛犸象象牙为生的。帖木尔堂兄带回的象牙并不完整，实际上，一整根猛犸象象牙可能长达十英尺（约 3 米），市场价值可高达 20 万美元。

即使是猛犸象象牙碎片，目前的市场出售价格也已超过每磅 500 美元。象牙保存得越好，也会越值钱。

每年有超过 60 吨的猛犸象象牙被出售，亚洲对它们的市场需求量最大，其中多达 90% 最终流向了中国市场。在那里，它们变成了珠宝或者被磨碎制成各种药物。与普通大象象牙不同的是，猛犸象象牙交易是完全合法的，作为防止猎杀和捕获濒危的非洲象和亚洲象的措施之一，猛犸象象牙的买卖甚至受到了鼓励。猛犸象并不是濒临灭绝物种，它们早已灭绝了。这意味着在北京、香港或上海出售给收藏家、珠宝设计师或医生的每一盎司猛犸象象牙都表示在世界的其他地方有另一头大象免于人们为了获利而被杀害。

世界各地的自然资源保护主义者们对猛犸象象牙市场的繁荣喜闻乐见。但是，那些勇敢地与大象象牙贸易做斗争的自然资源保护主义者并不必冒着生命危险去寻找那些昂贵的猛犸象象牙。雅库特人几乎是唯一从事搜索猛犸象象牙工作的人群，这是因为他们作为游牧猎人非常精通搜索技术，同时，他们的居住地离北极浮冰也最近，那里曾是猛犸象大规模生存并最后灭绝的地方。据科学家们估计，超过 1 亿头猛犸象被埋在冰下，其中大都高于 15 英尺(约 4.57 米),也都有几乎拖到地面的獠牙。

人们每天都能发现更多的猛犸象化石，而且只要发现一头猛犸象的尸体，它的附近肯定就有十几具尸体。搜索工作就是按照帕木尔堂兄的地图探路，避开北极熊的袭击，使用各种工具磨冰。如果足够幸运，他也能找到一根和堂兄的战利品几乎一样长的象牙。

帕木尔将连同象牙一起带走一头猛犸象的一些尸体标本，他仔细把尸体标本密封在他随身携带的塑料标本容器里。这些容器是一名美国实验室雇用的信使给他的。帕木尔和他的雅库特兄弟们越来越频繁地运回带有象牙的猛犸象标本，随后卖给了诸如芝加哥、费城和波士顿等城市的实验室。

帕木尔不知道为什么科学家们这么想要猛犸象的尸体。在冰里埋了上万年，它们的肉肯定不能吃了，皮也肯定不能用了。但帕木尔最关心的是科学家们愿不愿意付钱给他，并不在意科学家们要象牙做什么。

除此之外，美国科学家们和散布在雅库特各个村庄中的韩国科学家们有所不同，他们都对猛犸象标本感兴趣，但韩国科学家的要求更为特殊。他们并不要密封在容器中的不完整猛犸象标本，而是雇用了许多雅库特人，利用他们在本地的专长和对古代野兽的了解进行大规模的挖掘工程。挖掘地位于内陆区域，位于孙塔尔哈亚塔山脉的最高峰穆斯哈亚山的一侧。帕木尔弄不明白为什么韩国人要在内陆挖，还挖掘进了山体，他知道，在北方分明更容易找到猛犸象尸体，它们就埋在永久冻土层里。但是，这又是一个不需要他思考的问题。

帕木尔继续在雪地上往前走着，不断回想着炭画地图上的信息，也时刻提防着北极熊的袭击。他的周围危机四伏，他只关心有没有发现猛犸象象牙，根本没有闲心去理会那些美国和韩国科学家的奇怪行为。

11

丘奇的顾虑

TIME：2009 年春

AD：旧金山以北 30 分钟车程处

一片盐碱滩顺着逶迤曲折的佩特卢马河铺展开来，这里坐落着一处约五十英亩（约 303.5 亩）的鸟兽保护区。保护区人迹罕至，四周齐膝高的野草郁郁葱葱，像天然的地毯遮蔽了这片土地。

乔治·丘奇正信步走在一条泥土路上。他们一家人刚飞到旧金山国际机场，转乘汽车后不一会儿就来到这里，停车点就在不远处的路边。不过很快就只剩丘奇一个人了，婷和玛丽一到这里便和他分头行动，她们要去检测面前这个缓坡上的自然水系和附近其他小水体的情况。顺着缓坡，可以一直走到一栋风格独特的两层小楼前，丘奇要找的两个人正坐在前廊下的折叠椅上。

三角脸的这位叫斯图尔特·布兰德（Stewart Brand），看到丘奇,他起身迎了过来,脸上挂着热情的笑容。虽然已经73岁了，但他身型清瘦，精神矍铄，像一位得道的世外高人。布兰德身穿一件灰白色猎装外衫，腰间皮带上别着一把狩猎刀，显得精神头十足。赖安·费伦（Ryan Phelan）是布兰德的妻子，就坐在旁边的椅子上，金色的头发梳成了高高的马尾辫，浑身散发着创业家特有的睿智和自信。过去的十年里，她至少转手了两家成功运营的生物技术新兴企业，并且已经着手运作其他的公司了。

丘奇慢慢地走过了门廊前高高的台阶。在职业生涯中他遇到了许多优秀的人，丘奇认为这已经是非常幸运的事情，而像布兰德和费伦这样真正的创业者却是凤毛麟角。他们的会面其实是一场“蝴蝶效应”的结果，一切都从《纽约时报》记者的那通关于猛犸象的电话采访开始。

“这栋楼还算风格独特吧?”布兰德握着丘奇的手，指着身后的建筑说，“建这栋楼可是花了我们很大的气力，楼下的图书馆藏书有两千多册，扩建的二楼整层都是给客人住的，我可以确定的是，这里绝对是赏鸟的最佳地方。”

这幢精巧的小楼设计独特，非常漂亮，距离它 20 码（约 18.29 米）的地方就是布兰德和费伦夏天居住的大农场住宅。之前，这里是一座农村校舍，大约七百平方英尺（约 65 平方米），有一百多年历史，不过这所学校现在已经整体搬迁到山顶上。新校址观看周围沼泽地的视野非常好，里面还安装了高达八英尺（约 2.44 米），非常透亮的玻璃观景窗。

“这是特制的玻璃，”布兰德说道，“它们的表面有一层试验性的紫外线光膜，只有鸟类能看到。”

“如果你是一只鸟，”费伦补充，“你就能看到玻璃上绘有十分精美的图案，这称为‘鸟类勒克斯’，是仿照自然界中的蜘蛛网制成的，蜘蛛网的设计目的就是为了阻止鸟类撞击，同样，我们可以将这一原理运用到窗玻璃上，鸟类可以看见玻璃上的图案，这可以挽救它们的生命。”

“科学成就从大自然中获得，”布兰德指着四周说，“蜘蛛教会了人类如何保护鸟类，真是太神奇了！”

丘奇挨着布兰德夫妇坐在了门廊前，他们头顶是一面有护鸟功能的观景窗。布兰德和费伦的第一套住处是一艘名为“梅莱尼”的改装拖船，停靠在加州索萨利托的理查森湾，已经使用了近一个世纪。船体呈黑色，嵌上了红色的窗户，看起来真是这对创新达人最理想的实验基地。

丘奇对布兰德和费伦夫妇的赞美是无以言表的。20 世纪 60 年代后期，作为《全球概览》（*Whole Earth Catalogue*）的创始人和推广者，布兰德为那些主张与大自然和谐相处的人指明了方向。他开辟了一条足以激励丘奇这一代人的反主流文化道路，他还是肯·凯西（Ken Kesey）发起的“快乐的恶作剧者”乐队成员之一，汤姆·沃尔夫（Tom Wolfe）把这些写进了他的著名作品《令人振奋的兴奋剂实验》（*The Electric Kool-Aid Acid Test*）中。布兰德还掀起了一场使用迷幻剂来寻找精神极乐、寻求自我实现的运动。

事实上，创办《全球概览》杂志的创意就来自于某次服食迷幻药后的奇思妙想。1968 年，一次异常清晰的迷幻体验后，布兰德决定对一件事情探个究竟：“我们为什么至今未能见到整个地球的图像?”当时，俄罗斯和美国曾多次进入太空轨道，美国国家航空航天局有登月的计划，可是却没有一个美国航空航天局之外的人看到过整个地球的照片。布兰德认为，从太空中远距离观察地球会对人们的生活方式产生巨大的影响。

和其他乐队成员不同的是，布兰德认识到科技不是人类的敌人，相反，它有一种可以给人类带来无限可能的力量。

他的质疑引发了大家的响应，公众要求美国航空航天局发布在太空所摄的地球照片，很快，这张照片就获得了极高的关注度。布兰德将照片刊印在《全球概览》第一期的封面上，想让数百万民众成为真正意义上亲身感受科学的先锋。他还为图片配了多篇文章，讨论主题从人类健康状况和农业的关系一直到初级计算机系统的配置。

几年来，布兰德愈加相信包括计算机科学、生物技术，甚至包括核能等高科技有助于他的环保革命。他的思想从很多方面都领先于硅谷，把科技视为打破现状的有效工具。事实上，1984 年，丘奇准备推进他的“人类基因组计划”时，布兰德就已经在加利福尼亚的马林郡召开了年度黑客大会，并在会议致辞中提出，“信息应该是免费公开的”。多年后，丘奇也可以拿同样的语句来描述“个体基因组计划”。

“我们努力探究的是如何让自然和科学合理共生，如果可以坚持到最后，我们就可以抓住事物的源头——那张蜘蛛网带来的启迪。”

《全球概览》杂志是一场革新，正如史蒂夫·乔布斯（Steve Jobs）的盛赞，它可以被称为“纸上的谷歌”。布兰德目前所做的项目是恒今基金会，也非常宏大，这是布兰德与计算机科学家丹尼·希利斯（Danny Hillis）联合创立的一个非营利智库，旨在展望人类未来的一万年。项目的核心并不是关注当下的问题，而是在一个更长远的时间长河中探讨世界。恒今基金会的一个倡议是为世界上 7000 种已知语言建立永久储存的数据库；另一个提议是“修建千年钟”——一座高 300 英尺（约 91.44 米）的时钟，建在得克萨斯属于亚马孙创始人杰夫 · 贝佐斯（Jeff Bezos）的一座山上，它能够精确地记录未来一万年的时光。自然保护论者人为地做了一个极端的假设：蜘蛛、鸟类，以及人类可以共同生活在一个会运行 1000 年的时钟下。布兰德目前最关注的是恒今基金会的复活与还原公司（Revive & Restore）项目，其目的是使用遗传工程学去保护濒危物种并复活已灭绝物种。

“我们仍然有一些小问题需要解决，”费伦说，“窗户并不能 100% 地防止鸟类撞击事件，因为夜间猫头鹰看不见那些错综复杂的蜘蛛网，不过幸好它们学会了怎么躲避这些网。”

实际上，丘奇是通过费伦与布兰德相识的，他和费伦的兴趣爱好更为相似。费伦 1995 年初创的“医疗直通车”在十年后变成了众所周知的“网上医疗直通车”的中坚力量。她已经创立了一家名为“基因直通车”的公司，通过互联网为顾客进行基因测试。DNA 指导能够检测出超过六种疾病的前期症状，这与丘奇在他的“人类基因组计划”中预见性地为专人提供药物的目的相同。费伦找到丘奇，请他做公司顾问团的成员，丘奇愉快地接受并邀请她担任“人类基因组计划”的董事会成员。

但接下来的几年里他们没有再联系，丘奇这次来佩特卢马是因为前不久他收到了布兰德寄给他的一封古怪而简短的信件，这封信仅仅在丘奇与尼古拉斯·韦德通完电话的几天后就出现在了他的收件箱里。

收到这份邮件的不只是丘奇一个人，哈佛大学著名生物学和博物学家爱德华·威尔逊（E.O.Wilson）也收到了同样的信，威尔逊创造了“biophilia”（亲生命性）这个词，用来描述在这个万物共生的世界中，他对大自然及其他生命的爱。丘奇很快就给布兰德写了回信。

“仅在一百年前，”丘奇当时说，“这个国家的很多地方，也就是你所在的东部，你不需要山上的保护区或客房；你也不需要观景窗、双筒镜或望远镜，你只需要抬头就能望见成千上万只鸟儿飞过，在树顶上不断盘旋。你能想象吗？鸟儿当时多到了遮天蔽日的程度。”

最开始令布兰德决定在哈佛大学和丘奇、爱德华·威尔逊讨论基因的不是猛犸象，而是一种鸟——旅鸽。作为一名生态环境保护者和户外运动爱好者，布兰德常常为鸟类所着迷，不过他也是一位目光长远，志向远大的思想家，在过去的十多年里，令他念念不忘的是这种红腹鸟。

“听说它们落到一片森林里的时候，”丘奇补充，“就像观看一场熊熊大火。在北美有50亿只旅鸽，它们是有史以来数量最为庞大的物种之一。”

直到有一天，旅鸽的数量减少了。

丘奇、布兰德和费伦三人通过邮件无数次交流了导致旅鸽走向灭绝的原因。旅鸽作为地球上数量最多的鸟类，至少在地球上存活十万年之久了，在19世纪早期甚至达到了数十亿只。

“最后，它们遇到了人类。”费伦说。

即使有再多蜘蛛网图案的玻璃也无法挽救旅鸽了：大批欧洲移民涌入了北美原野，鸽肉贸易的兴起，二者导致了人类对旅鸽大批地猎杀。1900年，人类杀死了最后一只野生旅鸽，几年后，旅鸽被正式宣布灭绝。

当人类拒绝与环境共生共存时，鸟类的灾难性结局就成了一场不可避免的悲剧。虽然物种灭绝可以被视为一种自然进程——科学家估计已经有超过50亿类物种在地球上灭绝了——但人类加快了这个进程。仅在过去的40年里，地球就已经失去了一半的生物，据科学家推算，每年人类的活动直接导致了超过1000类物种灭绝。仅在过去的这几年里，世界上就已经消失了多个品种的海豚、西部黑犀牛、加勒比海僧豹以及近200万种鸟类，如果我们再不采取有效措施，还将有432类物种濒临灭绝。对于像布兰德和费伦这样的目光长远的环境保护主义者而言，物种灭绝就是一种地球毁灭的预兆。作为一名科技工作者，布兰德想知道是否能够把旅鸽作为一个改变物种濒危局面的试验案例。

已经为复活猛犸象而殚精竭虑的丘奇以乐观的态度和缜密的思考回复了布兰德的邮件，他详尽地介绍了自己关于如何复活已灭绝鸟类的想法。丘奇的方案大大超出了布兰德和费伦的预料。

克隆旅鸽并不是件容易的事情，因为鸟类是在蛋壳里成长的，在实验室中很难再造这个过程，而且没有谁的实验室里摆放着带有全部遗传物质的完整冰冻旅鸽。但丘奇相信有足够多的 DNA 片段就可以实现对旅鸽基因组的测序，接着可以将基因组植入到与之有亲缘关系的现有物种中，比如遍布世界各地的斑尾鸽，它是不同城市随处可见的岩石鸽的林居亲缘物种，它们可以为已灭绝的旁系血亲孕育新生命。

布兰德没有意识到丘奇的实验室已经能够一次性多线路地改变遗传性状，也没想到基因工程的进步这么快，最关键的是，丘奇超前的科学思想和视野深深吸引了他。丘奇认为科学总是在高速发展中，因此我们做规划的时候就要有开创性，这种规划应该超出自己当下的执行能力。

布兰德和费伦非常激动，兴冲冲地赶到波士顿。在丘奇实验室附近的咖啡馆里，他们见了面，还聊了很久。布兰德记得，丘奇走进咖啡馆，一句话就介绍完了自己——“我是丘奇，研究 DNA 测序和 DNA 编辑。”

丘奇就是这么个人——大个子，浓密的胡须，蓬乱的头发，一整天也说不了几句话。费伦和布兰德当时就变成了他坚定的支持者。显然，科学研究方式已经迅速从被动观察走向了主动创造，是人类推动了它的发展。

丘奇也十分钦佩布兰德的主张。布兰德刚出版了他的新论著《地球的法则》(*Whole Earth Discipline*)，书中也提出了有关自然保护论的具有争议性的观点，这个观点呼应了丘奇的理念。他主张，城市是美好的，核能是美好的，气候工程学是美好的，这正是一种生态环保主义，而其中复活已灭绝物种的做法更具有哲学意义。

没过多久，丘奇将他们的讨论对象由旅鸽转向了猛犸象，二者都是曾经数量庞大，后来因人类过度捕杀走向灭绝的关键物种。但丘奇更感兴趣的还是猛犸象，可能是因为他儿时在坦帕市参观过的博物馆和看过的马戏团表演，那个时候，这些体型巨大的大象就让他惊叹不已，它们是那么友善，那么聪明。或许仅仅是物种偏见的原因，但丘奇还是无法忽略二者的差别——一种是巨大的史前野兽，威武地穿行在冻土地带；而另一种则是一群落在农作物或树林中的红腹鸽子。

从伦理道德方面讲，两种已灭绝生物都应该被复活，但丘奇认为要启动这么庞杂的项目，除了伦理因素，还应该考虑更多。他也知道，这个选择对于布兰德和费伦来说就简单多了，试想一下，躺在门廊前的他们仰望着盐碱滩的上空，鸟儿成群结队地在空中飞来飞去，多么美妙。丘奇望着远方，生机勃勃的大地，波光粼粼的佩特卢马河，还有正在沼泽地中边探路，边有条不紊地工作着的妻子和女儿。

丘奇并不是生态环境保护者，也不是哲学家，他是化学家和遗传学家，如果他想实现奇迹，就需要一个切实的动机，一个可以让他激励全部研究团队成员的动机，使这些团队成员把全部精力都放在实验室的工作目标上的动机。

他相信利用科学技术能够成功复活猛犸象。但为什么想做这件事呢？

为什么需要做这件事呢？

12

强者才能重建过去

TIME：2011 年 4 月 23 日

AD：科雷马河区域，切尔斯基以西 80 公里

意外发生得太快了，尼基塔·兹莫夫根本来不及反应。

他驾驶的重达两吨半的格斯·萨德柯 33081 型货车沉重的前轮撞上了一块黑冰，车轮失去了抓力，巨大的轮胎开始飞快地打转，冰霜裹挟着碎石不断地从轮胎下喷射而出。卡车 117 马力的柴油发动机咆哮着，像一头被刺中的野兽，接着，车头猛地扭向了右边，巨大的卡车底盘突然竖了起来，几乎要垂直于地面。一秒钟后，卡车的四个轮胎又落回了冰面，这头金属

猛兽不是滑向前面的雪堆，而是打着转冲了过去，这倒似乎不会有灾难性结局。

尼基塔坐在卡车的前舱里，大睁着双眼，紧攥着卡车方向盘。前挡风玻璃已经结了厚厚一层冰，尼基塔把脸凑得离玻璃很近，他可以看到自己呼出的气在玻璃内侧形成的水雾。他把脚使劲地踩在刹车上，但他知道这已经没用了。这次行程长达12000公里，他驾车走遍了全国并跨越了世界上最大的大陆，也掌握了所有路况下的驾驶技巧，包括怎么应对潮湿路面，以及如何应对车轮打滑。是啊，这20天里，尼基塔驾车经过的路几乎全都在冰上，轮胎似乎还不如冰鞋。

他行程的前1000公里都是实实在在的路，有沥青，有街道标志，有上下坡，甚至还有一些交通灯。这是尼基塔学习驾驶知识的好机会，因为他从小在切尔斯基科考基地长大，并不熟悉街市道路的情况和交通法规，哪怕是在公路上见到另一辆车都会让他紧张不安。旅途刚开始时他就几次被警察拦下，都是因为一些不太严重的交通违规行为，一般都是警告了事，但也有几次是尼基塔花了些钱贿赂警察后才解决的。终于到达乌拉尔山，尼基塔感到非常高兴，虽然途中他也遇到了几次劫匪的侵扰。

但是没有人想要抢劫尼基塔，其原因并不是他没有什么可抢的东西。在切尔斯基的时候，他和劫匪没少发生冲突，好几次还被用枪指着，有一回甚至还被击中了。尼基塔的棉衣让子弹给撕了条口子，回到科考基地时，他爸爸却一点也没有表现出意外的样子。谢尔盖·兹莫夫不是那种我们通常所见，身着白大褂，埋头做实验的科学家。你要去干他的营生，去他常去的地方，说不定哪天你也会挨枪子。

现在尼基塔已经不仅仅是谢尔盖的儿子，还是他的搭档，共同从事着需要几代人不断追求的事业。

越往东走，路上能看到的人和车也越少了，眼前一片荒凉。过去的几天，除了尼基塔和几位卡车司机，路上都是空荡荡的。卡车司机们正在把货物运往周围星罗棋布的各个城镇，这些城镇就坐落在科雷马河和西伯利亚大草原的广阔荒野上。

尼基塔不清楚其他卡车司机怎样对付这冰雪覆盖、泥泞不堪的小道，在东部，这些小道算得上是公路了。他已经无数次被迫靠边停车，用一直放在副驾驶位上的铁锹铲开路障，有时候是雪堆得太高，有时候是掉落的树枝和灌木太厚太密，卡车根本无法通行。尽管如此，萨德柯重卡在路上还是受损严重，边走会边泄漏各种液体，比如柴油和散热器水箱里的水，还有一些说不出名堂的液体。

天哪，那时候整个卡车简直就是用胶带粘在一起的。十天前油箱破了一个洞，尼基塔是用从篱笆上取下的木头削了一个塞子堵住了它。不久，尼基塔发现一个气动刹车线又被碎玻璃割断了，刹车系统内气压急降，他只得爬到卡车底下，费了很大气力才把它封住。

尼基塔迫切希望能在这辆老爷车完全散架之前回到家。

但此时此刻，他正奋力地抓着方向盘，担心自己可能要一命呜呼。短短 80 公里回家的路途似乎比从月球返回地面还漫长。卡车里没有电话，仅有的民用波段收音机 4000 公里前就没有信号了。车上的时速表和里程表都没用了，刹车灯和大灯都坏了，底盘上结了厚厚的一层冰，就算是车况良好时，转向也难以控制。

卡车在冰面上打着转飞速滑向了一堵近六英尺（约 1.83 米）高的防雪墙，墙下似乎是一条很深的排水沟，情形万分危急。

尼基塔双手把方向扭到最大，双脚不断地用力踩着已经没用的刹车。卡车还在旋转，在这紧要关头，他却悲伤地笑了。父亲曾警告过他，独自驾驶 12000 公里，最强悍的人也会有些招架不住。实际上，大多数人可能觉得尼基塔和他的父亲谢尔盖的行为已经有些走火入魔了。在野外探险中，尼基塔把他的卡车视为和父亲一样的铁血硬汉，它一直在保护尼基塔，当然也不娇纵他。这段路程本身就是他父亲和他共同的梦想，也正是这个梦想，他和女友（现在的妻子）五年前才被召回北极圈，尽管他总想着离开那里。

让那辆卡车顺利地继续向前，就像坚持他父亲的梦想一样困难重重，而现在，除了梦想破灭在这满是积雪的排水沟里，尼基塔也没有想到用什么方法来摆脱危机。

他紧咬牙关，盯准了防雪墙上的一个点，把方向盘转了过来。如果能正面撞到防雪墙上，也许卡车就不会被撞翻。即使没有时速表他也知道，一旦轮胎接触到冰面，重卡就会像撒欢的野兽一样狂奔起来，除非被撞碎了，否则是不会减速的。但他要是足够幸运的话，这辆重卡就不会被撞翻，这才是最重要的。

卡车已完全失控，虽然隔着厚厚的金属板，尼基塔还是能感到车厢里货物被抛来抛去。卡车装载得很重，车后轮被压得明显低于前轮，这让四轮驱动的卡车更难刹住。一旦货物被装上了卡车，途中就完全没有办法来确保它们的安全了。大多数情况下，而且经常是夜里，货物就会被颠到车厢的后半部分，大部分重量也就压在了萨德柯卡车的车尾。当行程变得紧张不安时，尼基塔体会到，他确实是驾驶着一辆载满野生动物的卡车。

尼基塔不禁哑然失笑，当卡车冲向排水沟时，他意识到问题的严峻性。和他同龄的许多俄罗斯人都已游遍了全国，他们去见识了这个伟大国家的，还有她无与伦比的美景，众多的大城市还有苏联解体后生机勃勃的现代化生活。这个沉闷的专制国家已经变得活力十足，文化氛围也非常浓厚。

但尼基塔的长途征程并不是为了游览世界，他是为了拯救世界。

尼基塔怀揣着美好的期待开始了他的冒险旅程。从圣彼得堡乘飞机到了下诺夫哥罗德，途经莫斯科，这些机场都是在苏联时代建造的，一座座石造的候机大楼搭配着螺旋式楼梯，以及曾经装饰着列宁和斯大林巨大海报的阳台，这些都让尼基塔惊叹不已。但在诺夫哥罗德的情况有所不同，这是个伏尔加河畔的大城市，很受游客的欢迎，大多数机场大楼都格调鲜明，现代化气息浓厚，西式广告不断闪现，也会兜售软饮料和手机等现代产品。尼基塔在诺夫哥罗德刚下飞机，就开上了父亲事先预订并付过款的一辆卡车。

第一眼看到那辆萨德柯卡车时，尼基塔吓得差点尿了裤子，它就停放在经销商身后的巷子里，他是专门买卖旧军车和重型建筑材料的。这是一辆重达五千磅（约 2267.96 公斤）的巨型怪物，只用军用级柴油的高速柴油机，齐腰高的轮胎，甚至已褪色的暗绿涂装，一切都散发着无穷的魅力。卡车的主体是一个巨大的平板，很多根铁曲杆上牢牢地覆盖着防水帆布，形成了足有六英尺（约 1.83 米）高的顶棚。

当尼基塔第一次爬进这辆卡车时，他顿时感觉自己比平常高了一倍，而且威猛得像一头公牛。尼基塔花了近一天的时间学会了如何驾驶这头“猛兽”，当把卡车开上公路时，他很快就熟悉了引擎的力量以及操作方向盘时应该使多大劲。

幸运的是，开始用萨德柯卡车运货时，尼基塔就已经摸清了它的脾性，并鼓足了勇气去面对可能在荒凉的乌拉尔山路上遭遇劫匪的危险。

卡车的一个轮子马上要滑进排水沟了，尼基塔闭上了眼睛，狠下心猛地把方向扭到了最大角度。他突然感到一阵让他毛骨悚然的失重状态，卡车向左转了过去，右边的轮胎被抛了起来。尼基塔的大叫被一声重击打断了，萨德柯卡车“砰”的一声侧翻在雪地里，滑到了防雪墙上。卡车终于停了下来，两个轮子已经没入排水沟里，另外两个在空中不停地旋转着。

尼基塔张开了双眼。卡车的前座倾斜了约 40 度，他的身体被压在了驾驶室的门上，这门刚好和防雪墙一样高。他紧握着方向盘的手非常疼，膝盖撞上了门把手，有严重的瘀伤，好在身体其他部位都没有骨折。谢天谢地！不管怎么说，他还活着。

接着，他听到了身后货厢里传来了“砰砰”的声音，紧接着是一阵可怕的尖叫声。

这正是他运载的货物。

尼基塔挪到了副驾驶位上，用脚踢开了门，然后抓住门框爬出了驾驶舱。在车窗边稳了稳身体，接着跳到了冰上。地上的雪很厚，他借势站稳身子，皮靴发出了“嘎吱嘎吱”的声音。

严寒和狂风裹挟着尼基塔，他像筛糠一样发抖，浑身由内到外地感觉冷透了。现在，他不得不待在 - 几摄氏度的户外，甚至连外套也没穿。但是他全然不顾这些，心里只想着他车上运载的东西。此刻，尼基塔完完全全地感受到了俄罗斯的气候特征。站在西伯利亚公冰天雪地里的路边，卡车陷进了排水沟，刺骨的寒风像鞭子一样抽打着他的脸庞，场面有些悲壮。此时，他唯一的愿望是有一瓶伏特加酒暖暖身子，只有这样才能继续描绘他眼前窘迫的处境。很少有这种时刻，一瓶伏特加酒显得如此珍贵。

尼基塔沿着倾斜的卡车迅速地挪了一截，直到他和车厢平行。帆布防水篷很多地方都被撕裂了，但因为有铁栅栏的支撑，大部分都是完好无损的，只有前舱的一小部分完全从铁杆上脱落。

尼基塔一只脚踩在轮胎上，手抓着车厢的铁杆爬到了卡车的侧面。他伸出双手想要抓住皱起的一片篷布,刚要碰到的时候，一个尖锐的鹿角突然刺破了防水布，顶到了距离他胸部只有几英寸的地方。尼基塔刚好扭身闪开,但当鹿退回车底平板的时候，鹿角却挂住了帆布，掀起了很大一块帆布，在车篷顶上撕了一个大洞。

现在，尼基塔看到了车厢里的一切，六只巨型麋鹿挤在车厢的后部。鹿群的首领是一头公麋鹿，它就站在其他鹿的前面，在倾斜的卡车上用纤弱的腿努力让它重达三百磅（约136公斤）的身体保持着平衡，它站在一个巨大的车架下看着尼基塔，眼神狂野不羁。他的鼻孔里喷着凝结的水雾，嘴巴里不断滴着唾液。

攻击未遂的公鹿并没有恶意，它是在保护它群体里的其他成员，同时拉开了架势要维护自己的地位。

那头公鹿发出了一声响亮的咕噜声，又一次向前一跃而起，它的犄角直直地顶向了尼基塔，尼基塔踉踉跄跄地向后一跳，躲在了一根弯曲的铁杆后面，这些铁杆原本是为了把帆布固定在原地而用的。鹿角顶到铁杆上，公鹿再次倒了下去，它沉重的身体倒在地上，整辆卡车都跟着晃来晃去。

好吧，也许公鹿想要杀死尼基塔，它有充分的理由这么干。过去的12天里，尼基塔正在把六只麋鹿运往俄罗斯大陆。一路上，他要喂养这些麋鹿，清理它们的粪便，尽可能让它们保持健康。他每天开车时间都达到了17~18小时，只有在短暂睡眠、购买食物、修理卡车或购买柴油时才停一会儿。而现在，他差点撞在了这块冰上，使它们全部丧命。

麋鹿不能明白这漫长的迁移是为了什么，但对于尼基塔和谢尔盖，这是他们的规划任务中必不可少的环节。

尼基塔又一次向前探着身体，把帆布尽可能紧地固定在铁杆上。公麋鹿也再一次朝他扑来，尖尖的鹿角猛烈地撞向铁杆，激起了冰冷的火星。尼基塔发自内心地大笑起来，这头公鹿是那么完美、顽强，健壮得像尼基塔和谢尔盖一样。北极圈这片永久冻土层并不是弱者待的地方，只有强者才能在这里生存，也只有强者才能重建过去的世界，才能让时光倒流……

让时光倒流一万年。

这只麋鹿咆哮着再次撞击车厢，发出一声巨响。尼基塔也对着它怒吼，使尽全力抓住了车篷帆布。不管另一个卡车司机多久才能到来，或者他的父亲多久才能来找他——只要救援不到，他就会坚持抓住那块帆布，确保这六只麋鹿的安全。尼基塔会把它们送到他和父亲在北极圈内建造的保护区去。之后，这些麋鹿、尼基塔和他的父亲将一起努力去拯救世界。

啊，尼基塔觉得畅饮千杯都没有这一刻的想法更让人痛快。

13

实现奇迹的动机

TIME：2012 年 10 月 24 日

AD：华盛顿，米字街的拐角，哈伯德大厅

这是科学发展史上最重要的建筑之一，建筑的二楼有陈设雅致的会议室和会议大厅各一间，楼层两端设有图书室。宽敞的拱形窗户搭配着古朴的多立克石柱，临窗俯瞰，首都繁华的街景尽收眼底。每层楼高十五英尺（约 4.57 米），实木地板擦得锃亮，光滑如镜，石膏造型和大理石制成的天花板显得十分华丽。36 位在生物和环境保护方面的行业翘楚三五成群地聚在一起，他们有男有女，热烈地讨论着什么。很多人彼此都是初次见面，也都三句不离本行。

丘奇觉得这里是最能激发科研灵感的地方。1909年，哈伯德大厅曾是美国国家地理学会（National Geographic Society）最初的总部所在地，现在仍是这家科研机构的理论高地所在，引领着学会的前沿探索长达一百余年。国家地理学会邀请了布兰德和费伦在这个久负盛名的大厅主持会议，这也意味着他们正在开展突破性的科学研究。丘奇目前参与过的一些研讨会和研究情况通报会激起了他对复原已灭绝生物的更大热情。他不禁感到现在的活动让他重温了阿尔塔的时光，在那里，他们萌生并推动了“人类基因组计划”。

费伦和布兰德刚开始筹备这次会议时就宣称，本次研讨会只限于从事已灭绝物种复活和相关课题研究的顶尖科学家参加，目的是继续深入讨论在佩特卢马河发起的议题，也就是将分子生物学和生物保护学相结合，探究这二者“联姻”能碰撞出怎样的火花。

丘奇是带着虚心学习的态度参加本次研讨会的。他并没有奢求得到一个如何将长毛猛犸象复活的设想转化为现实的严密论证。但是，如果存在一个关于已灭绝物种复活的科学论证，他知道一定会是在这里，他需要和这些世界顶尖的生物学家和遗传学家交流后才能得到。丘奇的女儿玛丽，现在是一个专业摄影师，她拍下了这次会议的活动照片并发布在杂志上。

两天时间里，丘奇聆听了多场高水平的演讲，从阿尔贝托·费尔南德斯·阿里伍斯（Alberto Fernandez Arias）开始，费尔南德斯·阿里伍斯不仅是一位兽医，还引领着狩猎业、渔业和位于西班牙阿拉贡湿地产业的发展。他介绍了目前唯一有关已灭绝物种克隆实验的成功案例——庇利牛斯野山羊。故事的结局让人喜忧参半。

2003年，一个西班牙团队成功克隆了一头灭绝不久的庇利牛斯野山羊，这是一个山羊品种，最后一只庇利牛斯野山羊死于2000年，所以他们利用在液态氮中冰冻的组织样本来实现克隆。以一只驯养的山羊作为母体，将庇利牛斯野山羊的遗传物质移入它的卵细胞中，科学家成功地获得了一个单胎母体，并在足月妊娠后产下了一只活着的庇利牛斯野山羊幼崽。不幸的是，这个小生命的肺部未完全发育，存活了10分钟后就窒息而死。但不可否认的是，它活着的那10分钟里，已灭绝的物种的的确确再次活过来了。

当然，那个时候庇利牛斯野山羊仅灭绝了三年多，它的全部遗传物质被妥善地保存在实验室里。虽然这不是从北极冰层下挖出的死于10000年前的猛犸象残骸，但依然是一个了不起的成就。在丘奇看来，它的意义丝毫不逊色于知名度极高的克隆羊多莉——第一只成功克隆的哺乳动物。虽然多莉存活了7年，甚至在死于肺癌前还生下了7只小羊，但它并不是灭绝物种之一，也不是由保存在实验室的遗传物质克隆而成的。

丘奇的个人演讲相较之下更加贴近现实，令很多与会人员感到惊喜。在演讲台，他一再重申了与布兰德和费伦之间的谈话内容，向在场的科学家们阐述了他实验室所取得的成就——快速基因测序和更廉价快捷的基因编辑技术的应用情况。他解释道，在接下来的五年内，他将掌握只用三万美元经费就能将十二条基因剪辑成三十亿对碱基对的技术，这是他实验室有关DNA 编辑技术的一个突破，称为MAGE，即多重自动化基因工程。最终他们可以通过这项技术将活体内的基因组用与它相似的已灭绝物种替换。所以，把猛犸象的基因植入到它的近亲大象体内，这一技术的突破可能就在未来的某一天实现。

科学家们听完丘奇的成果后感到非常兴奋，这将是解决他们工作瓶颈问题的有效工具。在随后的演讲中，大家还讨论了旅鸽、袋狼、欧洲野牛等其他动物的复原工程，似乎这并不是科学幻想，倒像是既定的事情。

不过最令丘奇激动的当属谢尔盖·兹莫夫的演讲。兹莫夫是受布兰德的邀请，从世界的边缘——西伯利亚来到这里的。

丘奇对兹莫夫所做的研究并不熟悉，他还在网上查询了一番。但在兹莫夫上台的那一刻，丘奇就坚信他的演讲一定会是与众不同、出人意料的。

兹莫夫相貌堂堂，银白色的大胡子修剪成了一个尖尖的三角，宽阔而堂皇的脸庞上印着艰辛岁月和风雪冰霜留下的皱纹，就像是沙皇时代俄罗斯套娃上的人物一样威猛。兹莫夫讲不了流利的英语，所以他的发言是通过一位优秀的口译员传达给大家的。演讲刚一开始，兹莫夫就把他的观点表达得十分清楚。虽然看着像位隐居的科学家，但他并不是一个不合群的人。他的儿子尼基塔就是他的搭档，他们完成的是一个需要几代人共同努力的使命。

谢尔盖和尼基塔所做的工作令人叹服。在超越人类宜居地区的更北面，兹莫夫父子在切尔斯基科学实验中心四周的大片干草原上进行科考实验，草原上的风呼啸而过，时速常常达到每小时 60 英里（约 96.56 公里），温度低至 –30 多摄氏度。一千年来，一个个物种相继灭绝，甚至连地表本身也从草木茂盛的平原退化成坑坑洼洼的冻土层，上面只有成片的苔藓、地衣和杂草。

永久性冻土向四面八方绵延数万里，横跨多个大洲，包裹着整个地球。陆地占地球表面的 20%，而冻土层可能达到 10 到 11 英尺（约 3~3.35 米）厚，非常坚固，外力似乎无法穿透。永久性冻土像坚冰做成的罩子一样包围着地球，这里埋藏着一个毁灭地球的秘密：永久性冻土非但不是坚不可摧的，相反，它是一个定时炸弹。相对稳定的地球生态系统一旦从这个连接点被撕裂，世界范围内的生态平衡体系就变得十分脆弱，大量的二氧化碳会不断被释放出来，从而导致全球气候持续变暖，并且不可逆转。

兹莫夫的演讲进行了几个小时，丘奇大受鼓舞，他下定决心解除这个俄罗斯人所描绘的地球危机。

碳原子就像水龙头里缓慢滴落的水珠一样在一步步淹没这个世界。虽然我们可以用全球变暖，气候变化或其他任何借口来解释这一现状，但它确实已经对北极造成了极大的威胁。从航天卫星和冰层传感器中获得的数据表明这一地区变暖的速度比世界上其他地区高出两倍。只需短短几十年时间，上一个冰河世纪覆盖在极地四周的海冰可能会在某个夏季全部融化。与其说冰川融化引起的海平面上升现象是一种威胁，倒不如说这是一种潜伏得更深的危险。这个危险的苗头正从兹莫夫和他的家人坚守的地方一步步向我们逼来。

冻土地带并不是只有冰和岩石，绵延到北极四周的永久性冻土里含有大量的甲烷气体和碳，其中碳的总含量大得惊人。随着北极气候逐渐变暖，冻土开始融化，二氧化碳和甲烷气体开始一点点被释放出来。但这种释放过程一旦获得足够的动能，就会形成循环释放的过程。二氧化碳气体会不断翻滚着排入空气中，冻土层逐步升温变暖，继而释放更多的碳，最初那一丝丝气流会变成一场灾难性的毒性洪流。最终，从冻土地带排放出的碳会比焚烧掉地球上全部的森林所产生的碳量还高出三倍。

结果是灾难性的，融化的冻土层会让整个世界窒息。

就兹莫夫看来，人类仍然有机会控制住这种恶性循环。他苦心收集了几十年的数据用以证明他所在的那片令人生畏的冻土是可能被改变的。他提出的解决方案并不是某个超前的未来科技，恰恰相反，他的解决之道要追溯到遥远的历史长河。

丘奇在大厅转了两圈，也没能找到这位俄罗斯科学家的身影。或许兹莫夫已经开始了返回西伯利亚的漫长旅程。兹莫夫很少离开家，在过去三十多年里，他离开西伯利亚的日子屈指可数，或许这也是他的实验情况总得很长时间后才能为外界所知的原因，毕竟大多数科学家们对他的实验进展一无所知。这也是为什么他指出气候改变可能造成的可怕的危机，并给出了完善的解决方案后，大家还是觉得这是完全陌生的。其实从本质上讲，答案就是让时光倒流，也就是回到一千年前。

兹莫夫解释道，两万年前冻土地带的分布情况和现在差异很大。在上一个冰河世纪期间，最后一次全球范围的大面积封冻标志着更新世（距今258800年到11700年，现代人类开始繁衍生息）的结束。那个时候，冻土地带并不像现在这样满目疮痍，长满了苔藓和地衣，而是到处都是茂盛的高草丛，巨型动物，尤其是食草性毛皮动物种类丰富，族群庞大，数量极多，从马、水牛、驯鹿到猛犸象等物种在草原上分布十分广泛。它们在世界上最大的生物群落中生活，同时不断地踩踏和翻腾着大地的表层。即使冰河世纪结束，地球开始变暖，食草动物还保留着翻耕土地的天性，它们把泥土掀开来，暴露在地表更寒冷的空气中，这让它们脚下的永久性冻土保持着长期的冰冷状态。

兹莫夫认为巨型动物本可以在气候变化中存活下来。它们找草和啃草的行为让地表土壤逐渐形成了草木生长的理想环境，同时也保存了地下的冻土层。但随着冰川的不断融化，草原上的动物面临着更大的威胁。随着气候变暖，以人类部落为首的哺乳动物群不断向北迁移，他们比侵入冻土地带的其他猎食者更加杀戮成性。到了更新世结束的时候，物种大灭绝就开始了。人类的猎杀活动令巨型动物走向灭绝，而恰恰是这些动物维持着生态系统的稳定。草地开始不断退化并逐渐消失，取而代之的是苔藓和地衣，树木在杂草间凌乱地扎根，随着时间的推移，冻土开始融化。

生态系统中的定时炸弹进入了倒计时。

但兹莫夫相信一定有办法可以让这个计时器慢下来，甚至让它永远停止。丘奇、布兰德和费伦也完全接受了他的观点。

这个办法就是建造起更新世公园（Pleistocene Park）。

单更新世公园这几个字就让丘奇的情绪十分高涨。兹莫夫早在 1988 年，也就是近 30 年前就开始了这项计划，比迈克尔·克莱顿的小说《侏罗纪公园》的出版时间还要早两年。简单地说，更新世公园就是环境保护主义者关于时间旅行的一种实验。俄罗斯政府圈定了西伯利亚地区 160 平方千米的冻土给兹莫夫做实验，他准备在这片冻土上重新迁入与史前动物一样能适应北极极端环境的现代物种。在他的设计中，随着食草动物不断地翻动和踩踏这里的地表土层，永久性冻土就可以长时间暴露在冷空气和风中，而土层下面的环境又很湿冷，珍贵的冻土也就得以保存——简单地说，就是在气候相对暖和的月份，伐倒树木，修整草地，提高地表的反射系数，重建更新世晚期的生态系统。

在苏联时期，兹莫夫获得了一些经费资助，使他在北极的保护区内圈养了驼鹿、雅库特马、芬兰驯鹿和北美野牛。在儿子的帮助下，他现在引进了更多的动物——麋鹿、麝香牛和特殊品种的牦牛。虽然他圈养的畜群数量仍然很小，有时甚至不到十只，但他可以用拖拉机、打桩机和推土机来模仿巨型动物的行为。为了再现长毛猛犸象群的活动对地面的作用和影响，兹莫夫收购了一辆二战时期的坦克，开着这辆坦克在西伯利亚行驶了几百英里，从一个已废弃的军事基地一直开到自己的家。他在雪地里凿洞，敲碎岩石和树木，翻起地衣和苔藓，用坦克齿轮的重压模拟猛犸象象蹄对地表一年年不断踩踏的效果。在这个过程中，兹莫夫收集到了意义重大的数据。

在这个160平方千米的保护区内，他将平均气温降低了9℃。丘奇认为兹莫夫已经充分证明了更新世的巨型动物生活在一个平衡的生态系统中。同时，在可预见的将来，迁入相似的巨型动物也可以维持那里的生态系统稳定。兹莫夫的“实验田”不大，从整个大陆架来看，它实在微不足道，但如果再建一个更大规模的更新世公园，它就能让冻土在几十年内保持冰冻状态。

这个俄罗斯人已经找到了拆除定时炸弹的方法。

哈伯德大厅里，丘奇试图追上兹莫夫再找他聊一聊，但他发现自己已经追不上兹莫夫，但他可以用另一种方式和兹莫夫交流，他可以给兹莫夫提供各种工具和自己所发明的器材，还可以给兹莫夫提供自己实验室的卓越研究成果。

兹莫夫和他儿子能购买并运输到北极的野牛和雅库特马数量不多，他们的资金非常匮乏，可利用的资料也非常有限，仅有少量的数据。

但他们所圈养的驼鹿、马、野牛、驯鹿和麋鹿已经证明了更新世公园是大有希望的，现在他们需要更宏大，更激励人心的成就来获得世人的关注。

兹莫夫在演讲结尾时半开玩笑地说："要'对抗'森林，我们就不得不用现代军用坦克来替代猛犸象。可惜的是，这样的'猛犸象'可不产崽啊！"

丘奇和布兰德、费伦在科学家们的哄笑声中心领神会地互相看了看。

因为，就在刚才，这位俄罗斯科学家给了他们一个充分的理由，去复活他们心中所想的物种。

14

兹莫夫《荒野宣言》

摘自谢尔盖·兹莫夫所著《荒野宣言》
（*The Wild Field Manifesto*）

亿万年来，陆地生态系统一直都是植物和食草动物间斗争的竞技场。为了不被吃掉，植物们各怀绝技，有些浑身带刺，有些个头很高，有些味道辛辣或酸涩，还有些气味刺鼻。许多植物甚至产生大量毒素，如：茄科植物生出尼古丁；罂粟生出吗啡；柳树生出阿司匹林。但在两千万年前，地球上的生命悄然发生了变化。小草和生长迅速的牧草出现了，它们没有了刺或毒素，快速生长是它们唯一的生存法则。这些青草味道鲜美，营养丰

富，生长周期短，不用担心被食草动物吃尽，可以供养大量大型食草动物。牛或马一类的食草动物不吃的植物又能给类似于绵羊或山羊等杂食性动物提供食物。就这样，最早的进化生态系统——牧场生态系统初步形成。

资本的周转速度很重要，这是生态和经济领域中的相通之处。根据弗拉基米尔·沃尔纳德斯基法则（V.I.Vernadsky Law），生物个体的演化速度决定了生物的进化过程。举例来说，在演进的残遗种云杉林中生物循环的速度是缓慢的，这里的绿叶生长期通常可长达十年，这些植被几乎不能食用，在土壤表层腐烂分解的速度相对缓慢。与此相反，牧草的生长情况大不相同，它们的生长周期平均只有几周，在食草动物温暖的胃中一天就能被分解。牧草等植物的主要生态学成分——氮、磷、钾很快就能回到土壤并被新叶所吸收。

这类生长迅速的植物在生长过程中从地表吸收大量的矿物质，而食草动物要靠自己攫取矿物质。大量的食草动物成功地扩张了自己的生态系统，苔藓和地衣被动物踩踏；山羊和獐以树木的嫩芽和灌木种子为食；野牛和鹿啃食树皮，进而毁坏树木；大象和猛犸象就只是折断树木。通过施肥、收获、踩踏，食草动物成功地实现了在任何气候下都可以使牧场的生态达到平衡。

15000 年前，牧场生态系统达到了进化过程的巅峰，几乎覆盖了整个地球……

14500年前，地球上的气候开始急剧变暖，冰川时代结束，居住在中高纬度的人们存活下来的概率有了实质性的提高。人类在亚欧大陆繁衍生息并不断涌入美洲，经验丰富且装备精良的狩猎者们和成群的野生动物们相遇了。随着人类远离故土的脚步越来越远，他们“嗜血”的狩猎行为就越来越多。

在亚洲北部，8个巨型动物物种在人类到达后灭绝，在北美洲有33个，在南美洲几乎所有的巨型动物物种都已全部灭绝。随着人类狩猎活动的扩张和生存技巧的提高，牧场上的动物密度大幅下降，大多数地区的动物密度开始变得不足以维持牧场的基本生态，森林和苔原（灌木、树木、苔藓）开始向草原蔓延，世界上的森林面积较之前增加了10倍……

在人类历史上所有参加过的战争中，与牧场生态系统的战争是最旷日持久的。但如今，我们必须让这场战争停止，也必须这么做……

大多数曾经在牧场生态系统中生活过的物种幸存了下来——有在森林中的，有在沙漠中的，有在动物园里的，也有已经被驯化家养的。其他物种则已经灭绝，只能通过基因工程才能使它们复活。恢复牧场生态系统所需的条件并不复杂，首先，要将草木生长的地区完全隔离开来，第二步是集合所有能

在这片土地上生活的动物。一旦被迁入那里，动物们自然会学会如何和平相处。它们将瓜分这片牧场，按照各自的生态属性占据该有的生态位置，动物之间会自然调节密度，弱者会经历死亡淘汰，而强者则会在这里繁衍生息，生态系统结构将会逐步稳定下来，然后随时开辟新的生存领地……

宽广无垠的草原冻土中含有大量的有机碳，是地球上所有热带森林中碳含量的三倍还多。当这些土壤解冻时，之前被冰冻了几千年的微生物就会醒来，它们将立即开始分解土壤中的有机物，产生温室气体——二氧化碳和甲烷。如果气候变化像现在一样持续下去，在不久的将来，大草原上融化的土壤将成为地球上最大的温室气体来源。这将导致地球气候进一步变暖，使永久性冻土融化得更快。我们无法人为地阻止这个进程。

然而，牧场生态系统可以做到……

动物们在牧场里寻找食物时，每一个季节积雪都会被挖掘、踩踏好几次，这些积雪会被压缩，并失去隔热能力。因此，引进的动物可以使牧场内的永久性冻土的温度下降40℃，这可以阻止或大幅减缓永久冻土层的退化。

森林和灌木下的土地全年都是阴暗的，能够很好地吸收太阳的热量。这样一来，牧场吸收热量的总量就要少很多，冬天的时候，牧场会被大雪覆盖，变成白色。因此，牧场能反射更多的太阳热量，并使气候转凉。

要减少工业二氧化碳排放是非常困难的，但减少永久冻土层的碳排放则容易得多。我们所需要的只是突破思想框架，支持牧场生态系统的存在和自由发展，并且把我们祖先从大自然中夺取的领地归还给大自然。

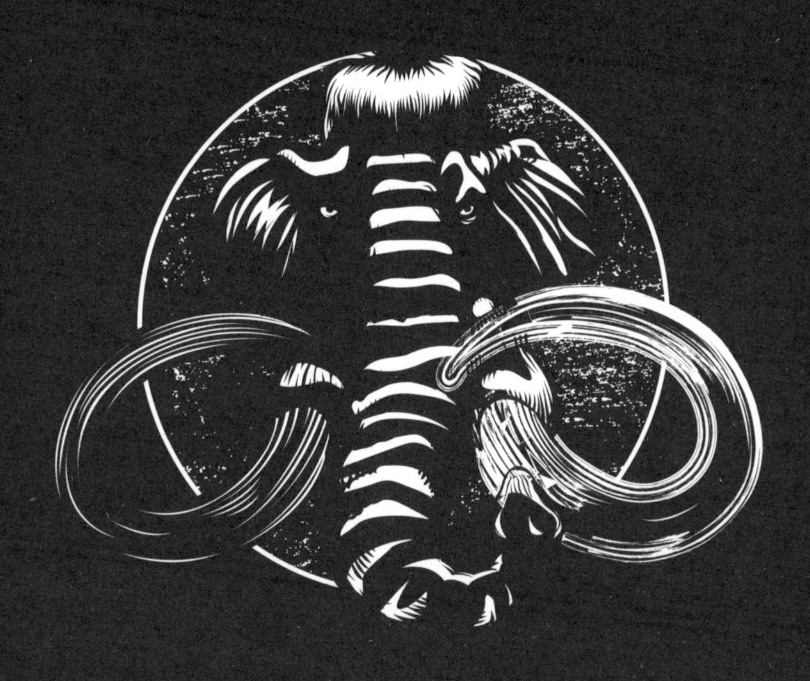

第三部分

我希望实验室里的成员低龄化，这样我们就可以一起做梦，再一起实现这些梦想。他们觉得一切皆有可能。

——乔治·丘奇

未来常常不在人的思考范围内，人们将今天不可能发生的事与明天不可能发生的事混为一谈。

——乔治·丘奇

15

复活者

TIME：2012 年冬季

AD：路易·巴斯德大街 77 号，

哈佛医学院新研究大楼

杨璐菡大步流星地走在新研究大楼三楼中间的走廊上，这里人头攒动，走廊里的学生、研究员还有教授们走路也是急匆匆的。事实上，哈佛医学院的人走路都这么快。她穿过人群，急着要去参加下午关于基因筛选，以及抗疟疾蚊子的公开研讨会。大家见她脚下生风般地走来，都给她让出了一条路，璐菡身高 160 厘米左右，她边走边盯着手中的手机屏幕看，上面的图像不是关于蚊子的，而是前一天拍摄的一段胎儿宫内超声波动态图。凑近细看，璐菡似乎可以辨认出这些图像中哪里是跳动的小小心脏。看到如此不易得到的，漂亮近乎完美的小生命出现在她的眼前，璐菡不由地露出了喜悦的笑容。

璐菡以前不轻易表达自己的情感，她是一个非常注重效率的人，从走路的方式也能看得出来。走路时，她每一步的步伐和双臂的摆幅几乎都是一样的，她也总是把乌黑的头发盘成一个朝天的圆发髻。她幽默感极强，总能在合适的时机让周围的人感到轻松愉快。然而，渐渐地，她开始觉得把精力放在不必要的应酬上是没有任何意义的。

“嘿，祝贺你啊!”一个医科学生大声地对璐菡说。她走过璐菡身旁时，刚好越过她的肩膀看到了手机上的胎儿影像。

璐菡顺口说了声“谢谢”。

道贺的人走出了十几步后，璐菡才意识到这个学生可能误以为这个胎儿影像是她的孩子的影像。然而，这并不是。事实上，它连人类都不是。

这是一头猪，但也不完全是。虽然这个胎儿的大部分 DNA 的确跟猪类似，但还有一部分不是。这只猪的胎儿是以送入太空的第一只俄罗斯小狗——莱伊卡。它的部分肝脏来自于人体，或者更准确地来说，是能与人体兼容的肝脏。璐菡相信总有一天，这只小猪崽会改变器官移植医学领域的未来。

璐菡并没有因为心怀如此宏大的理想而变得目中无人，在哈佛的这两年，她的许多优异成果在其他实验室的人看来都是卓越非凡的。她和另一个博士后，普拉桑特·马里（Prashant Mali）在人类细胞基因工程方面做出了突破性研究，并已经获得了两位在器官移植方面有研究的外科医生的关注。两位医生在用猪的器官来进行肝脏和肾脏移植的研究已经有十几年了，但大多数的实验都以失败告终。因此他们想看看丘奇和璐菡的研究成果是否能使他们一直以来没有办成的事情成为可能。

不了解璐菡的人会觉得她是一个极为严肃的人。如果有同学不明白她所说的事情，璐菡会毫不客气地指责别人。她能理解别人的感受，也知道靠硬心肠是不行的。作为一位在科学研究领域颇有建树的年轻女性，她知道要尽量做到亲切随和，要尽全力鼓励别人去追求自己的梦想。但有些时候，无知和懒惰是最让她受不了的，这一点她毫不掩饰。

如此一来，她发现丘奇的实验室就是真正的天堂。实验室里每一个人都很聪明，或者说资质最起码都配得上和她共事。在这个团队里，璐菡属于佼佼者，她可是丘奇博士最欣赏的科学家。某次，一群博士后一时兴起，想弄清楚丘奇和谁相处的时间最多，他们入侵了丘奇的电脑，并获取了丘奇的日程安排表，结果表明，璐菡排在第一位。好几个星期以来，除家人外，和丘奇相处时间最长的人就是璐菡。

公平地说，他们相处的时间并没有全部花在科研上，一部分时间丘奇是在教璐菡说英语。刚到美国时，璐菡的英语都是在北京读大学时和室友一起看译制电视节目学来的。这意味着她能轻易地描述出《海滩游侠》（*Baywatch*）里的各式泳衣，但对其他东西却几乎一无所知。一旦谈及超出实验室工作范围之外的话题时，她几乎无法与人交流，这直接导致她接受哈佛博士委员会的第一次面试就彻底失败了。虽然她在高中成绩排名第一，并被选拔为赴澳大利亚参加为期一个月国际奥林匹克生物竞赛的4名中国选手之一，但还是被研究生院考试资格委员会拒绝了。她家乡的公园里矗立着一座她的真人雕像，在那里的人看来，智力超群是一个像竞技能力和人体美一样足以让人成名的标志。

丘奇想到自己在读博之前被拒绝的遭遇，便提议可以让璐菡一边工作一边学习英语。他教授的内容主要围绕着璐菡加入实验室时所从事的科研项目而展开。在丘奇教授的督促下，璐菡学到了许多。对她来说，这已经是最好的状况了，她不需要浪费宝贵的实验时间再去上一门语言课程，还能让基因学方面的天才来给自己做一对一的教学辅导。

璐菡现在所处的美国现代建筑的走廊和她长大的中国内陆

的山城形成了强烈的反差。幸运的是，她父亲当时在政府部门工作，一家人经济收入还算稳定。后来，中国进行了所有制改革，开始允许创办私营企业。这时候，她父亲便辞去了公务员职务，开办了自己的工厂。为了确保自己能转型成功，父亲决定和自己的妻子分别创业，因此，璐菡的母亲就没有在父亲的工厂工作。璐菡当时并没有意识到这是维护家庭利益的万全之策。母亲在外的事业发展也很不错，她教别人打太极拳，并尽可能让璐菡过上无忧无虑的童年生活。

璐菡并不觉得自己和别人有什么不同，甚至当她初中毕业，成绩名列全班第一时连她自己都感到很惊讶。在父母的鼓励下，她申报了中国的一所顶尖高中——四川成都的一所寄宿制学校。这所学校在8000名申请者中仅招50名外地学生，而璐菡成功了。

在这所学校的生活并不是那么顺利惬意。由于来自小城市的缘故，她常常被生活在大城市里的同学排挤，还因为说话夹杂着浓重的乡音而被取笑，不过她渐渐学会了如何让自己对这些状况不那么在意，学会了尽可能掩饰自己的情感。

高二的时候，璐菡得到了去澳大利亚参加科技奥林匹克竞赛的机会，她把这次比赛当成了走出这所寄宿学校的好机会。在那里，她可以和外国人，甚至教授们交流，他们根本不在乎璐菡的出身，她可以按照自己的想法来完成一件事情。

高中毕业以后，她以优异的成绩考入了北京大学生命科学系。她一心想着毕业后去国外工作或深造，但不幸的是，那个时候她的妈妈生了很严重的病，璐菡不得不回到老家。她的妈妈面临着一个两难选择，要么接受手术治疗，切除一部分肺；要么接受药物治疗，但这样她自己很长一段时间都得经受病痛的折磨，并需要有人照顾。她知道如果选择第二条路，女儿就不得不留在中国照顾自己，所以她还是决定做手术，并鼓励女儿走出国门，成为一个有用之才。璐菡妈妈认为这才是更紧要的事情。

哈佛大学和丘奇实验室对她来说似乎是最好的选择。因为，2009 年时，在读博士之前的研究阶段，她选择和丘奇研究怎样让嵌合脱氨酶运用于灵活安全的基因工程之中。“喀迈拉”（生物领域译为“嵌合体”）是一只古代神话中的怪兽，由狮子的身体、山羊的头部、蟒蛇的尾巴组成。如今，科学家们可以根据生物工程学创造蛋白质，甚至是含有多种独立且不同物种的 DNA。因此，现在这个全程用细菌 DNA 切断基因的工序可能会对细胞有害，有一种脱氨酶能够改变自身与受损的遗传物质相匹配，不过这需要更安全、更精确的标准才能达到。

通常情况下，基因实验室是不允许像璐菡这样刚毕业一年的大学生独立启动新项目的，但是丘奇被璐菡的想法深深吸引了。两年后的今天，璐菡正从三楼走向研讨会现场，手机还拿在她的手里，璐菡突然感到一个熟悉的身影出现在她的左后方，他的影子也恰好投在了手机屏幕上，也投在了那个蜷缩着的胎儿影像上。

丘奇看着手机上的胎儿影像说道，"它看起来很高兴。"他保持着和璐菡同样的速度。以丘奇的身高，他走一步抵得上璐菡走两步，此时是他俩一起在走，走廊里大家又避让得更快了些，这使得他俩走得更快了。

璐菡笑了笑，其实在她刚来实验室的时候，不论别人说什么，她都感到一头雾水，完全无法理解。随着英语水平的提高，她发现和在北京认识的大多数教授相比，丘奇是个很温暖且通情达理的人，跟他相处非常愉快。

"小猪很健康，"她说，"虽然在它生下来之前我们还不能更多地了解它，但我们现在可以对其肝脏做活体组织检查。"

丘奇不仅仅在研究项目中指导璐菡，还在帮她申请这头特种猪的技术专利，同时还帮她在研究小猪的过程中创建了一家公司。

丘奇似乎放慢了脚步，这样，璐菡要么得同时放慢脚步，或者继续快步向前走。

“你现在有时间吗？”丘奇突然问。

“等下有个研讨会……”

“那个不急。”

璐菡很想要了解实验室里的蚊子项目，这个项目快到测试的阶段了。比尔·盖茨（Bill Gates）和妻子梅林达（Melissa）创办的盖茨基金会在撒哈拉以南地区的好几个村庄里投资建设了穹顶实验室，丘奇实验室研制出来的冈比亚疟蚊将会在这个安全的地方进行测试实验，因为在这里，它们是飞不出去的。

但是丘奇已经带着她走到了三楼的门厅。他们走进了一间空荡荡的教室，璐菡跟着丘奇穿过了围成半圆的一堆椅子，这些椅子都是面朝着教室中间的一个桌子。丘奇从腋下拿出一个平板电脑放在桌子上，这样，璐菡可以看清屏幕上的内容。

屏幕的中间是一幅图，图上是三只猛犸象走在下着雪的大草原上。它们和璐菡记忆中高中生物课本的猛犸象图片几乎一样，有着厚厚的红毛发，巨大的长牙，又小又圆的耳朵和又长又卷的象鼻。然后她注意到猛犸象的上面有一行醒目的标题文字，或者说是大字标题，内容如下：复活猛犸象。

“这是我和斯图尔特·布兰德，还有赖安·费伦一直在做的项目，”丘奇说，“只要找到一个实验团队和足够的资金就可以开始实施。”

杨璐菡抬头看着他说："建一个网站？"

丘奇顿了顿。

"不，是猛犸象，我们要试着复活猛犸象。"

璐菡轻轻地将手机放进了口袋，这时丘奇指着猛犸象图片下方的一篇文章。这篇文章开头的宗旨说明和一个科幻小说的序言一样惊险刺激。

复活猛犸象的最终目标是繁衍出能够重新生存在欧亚大陆、北美广阔冰原，以及北方森林的新型猛犸象。

璐菡浏览了一遍剩下的文字：谢尔盖·兹莫夫的研究表明，如何在北极甲烷大爆发时，通过引进大型史前食草动物将苔原恢复成更新世牧草地。那一群被在波士顿的哈佛实验室所改变基因的猛犸象或许可以使地球免遭永久性冻土融化带来的灾难。

璐菡认真地揣摩着自己所读的内容。实验室里到处都是看似不可思议的项目，但这些项目又往往是可行的。这是一个你必须给自己设定底线并保持专注力的地方。通过专注，她在20个月的时间内完成了自己的嵌合脱氨酶初始项目。在此之后，又参与了猪器官移植项目。璐菡喜欢这个项目，因为这正是她母亲所需要的——与她母亲的病情息息相关。成千上万的人都是因为没有等到合适的肝或肾源而死亡。在中国，情况还更糟糕，因为根据当地人的观念，人们去世时要保证遗体的完整，他们是不会轻易答应捐献器官的。

她口袋里手机中的超声波影像便是基因科学实用性的证明。如果她和丘奇成功地完成了这个项目，便可以拯救成千上万，甚至更多的人。复活猛犸象将能解决一个影响数十亿人的生态问题，并且能够生动地展示基因科学能给世界带来什么——比如猪器官移植项目曾经是不可能的，但现在却是可行的。

而且可以在很大范围内实现。

“我想请你去负责猛犸象复活项目，做第一个真正的猛犸象‘复活者’！”

璐菡知道丘奇在说什么。丘奇作为实验室的负责人，指导、启发、推动、督促，并带领着博士后做实验。同时，博士后们也有自己负责的项目。一位优秀的教授选择他能找到的最聪明的人，让他们去完成一项任务，然后不去干涉，只有他们遇到障碍时才会介入其中。

“复活者？”璐菡重复了一遍。“就像‘复仇者联盟’那样，当个超级英雄？”

也许这只是她理解上的差距，但这件事情听起来很有趣，尽管她知道，丘奇在学术研究上是个非常严肃的人。他打算要做的事情，不管有没有她都会去做。虽然这个项目听起来很不可思议，但她知道，自己已经是这个研究团队中的一员了。

回到家后，她将电话打给了她的父母，并告诉他们这件事情，令人惊诧的是，母亲并没有觉得只有科幻小说才会有这些内容。有一次，璐菡刚到丘奇实验室时，她告诉妈妈说，她要用一条蛇来培育一条龙，并为其加入腿、翅膀和羽毛的基因。妈妈一点也不觉得好笑，并且坚定不移地相信她，璐菡也能够理解妈妈。毕竟，家乡有一座璐菡雕像。她的父母相信她能做任何她认为科学的事情。

“我们能这样做吗?”璐菡不无疑惑地说。

“我想可以。”丘奇说。

“但我们应该这样做吗?”

丘奇实验室的人经常问这个问题。璐菡想起了之前的研讨会，她错过了在实验室中创造出蚊子的研讨会，这些蚊子能够抵御疟疾的传播，并且能将这一功能在整个非洲生态系统中传播。蚊子实验团队将一步步地推进这一项目，从他们的穹顶试验村拓展到整个世界。最终，他们将拯救数百万人的生命。

璐菡回顾了猛犸象的历史，同时，对需要自己寻找并加入研究小组的人选也有了盘算。她对自己下定决心要干的事情充满了信心，她相信，自己的团队就是下一个“复活者”。

她转身对丘奇说:“我想我们需要一个非常大的穹顶实验室。”

16

逆转衰老

TIME：2012 年冬季

AD：麦克唐纳德－卡蒂埃高速公路，

401 公路东，美国－加拿大入密歇根州边境关口

刚过正午，鲍比·达德（Bobby Dhadwar）透过车前挡风玻璃紧盯前面的车队，心里默默地数着前面的车辆，四辆、五辆，也许是七辆，公路前方的车排成了长长的纵队，在漫天飞舞的大雪中看不到尽头。除了车队之外，他能看到的只有矗立在公路远处，被闪烁的电子门隔着的边境巡逻站，这道门也隔开了他的新家和旧居。这道闸门每打开一次，都意味着他眼前缓缓移动的车队在茫茫大雪中往前走一点，也象征着他向自己的新生活又靠近了一点。

“当海关人员和你说话时，尽量不要紧张，”他的妻子格吉特（Gurjeet）说，“只要面带微笑回答问题就可以了。”

鲍比看了一眼坐在副驾驶座上的格吉特，她瀑布一样的秀发乌黑靓丽，刚好垂到肩膀。她的腿上搁着一个小行李袋，还有一个更大的行李包放在腿下，膝盖都贴到了仪表板上，毕竟要把他们的全部家当装进一辆私家车可不是一件简单的事情。想来有些不可思议，他们还不到30岁，却在婚后五年的生活里积累了这么多的“垃圾”，何况鲍比的职业还不是什么体面的工作，甚至说成是一种职业都不见得多么恰当。他刚被录取为博士后研究生，实质上还是一名学生。他没有受雇于哪个老板，而是专门为一位教授工作。虽然这位教授才智过人，但鲍比却对这位教授感到敬畏，对教授的这种惧怕好像比举家搬迁到一个陌生的国家，开创全新的生活带来的恐惧还要严重。

“紧张？我怎么会紧张呢？我为什么要紧张呢？这又不是第一次，我们出境已经十多次了。”鲍比显然有些口不对心。

确实，从6个月前鲍比在丘奇实验室第一次面试起，或独自或一起，他们已经多次往来于多伦多和波士顿之间。他们在波士顿找了公寓，办理了他们的工作签证，见到了和他共事的其他博士后们。

“我知道，”格吉特微笑着说，她希望鲍比看到她的笑容后能镇定一些，“我只是想说，我们都知道你一旦太过紧张会怎么样——但是确实不用紧张。”

“当然不用紧张。”

“那就好。”

前面只有两辆车了，他可以清楚地看到巡逻站外公路两旁穿制服的海关人员。当前面的汽车到达巡逻站时，一个工作人员上前轻叩了几下车窗，弯腰和司机进行着简单的问话。

“嗯，我有些紧张了。”

接着，他俩都笑了，因为这一切真的很荒谬。从加拿大出境去美国本不是什么大问题，但对鲍比来说，加拿大——尤其是多伦多——总给他一种待在小镇上的感觉。他在那里长大，在那里生活。尽管波士顿和多伦多城市规模差不多大，但鲍比总觉得它很大、很陌生。鲍比的父母在他很小的时候就离开了印度，先是移民到英国，最后在加拿大定居。父母对鲍比和他的兄弟姐妹要求都很高，他们必须在学校里出类拔萃，必须努力学习融入加拿大文化。多伦多是个多元文化的城市，鲍比从来没有感觉自己是一个外地人；但在美国，他会有一种陌生感。幸运的是，到美国任何一所大学的实验室去看看，你会宽慰许多，因为许许多多的博士后都面临和他同样的情况。

终于，他们前面的那辆车到达了边境大门。海关人员与前车司机完成简短的交谈后，挥手示意通过。下一个轮到鲍比了。

他把车停在了边境大门前。当工作人员走近时，他挤出了最友善的笑容，迅速地摇下车窗。

“早上好，先生。”他边说边拿出他和他妻子的护照，递给了这位高个子的工作人员。

工作人员的胸前戴着徽章，挂着一副深色太阳镜，腰上别着一支手枪，挺拔的制服衬着他宽阔而健壮的身板。

他瞥了一眼第一本护照，脸上的表情有些厌倦，问道：“去哪里？”

语气中透露出他对鲍比的答复毫无兴趣，他甚至连头都没有抬一下，但鲍比的脸上仍然堆着近乎愚蠢的笑容。

“去波士顿，先生。”

工作人员点了点头，翻了翻第二本护照。

“去波士顿做什么？”

“我计划把转基因遗传物质从裸鼹鼠身上移植到小白鼠身上去，试图逆转衰老的过程。”工作人员顿了一下，不再翻看护照了，他抬头看着鲍比。鲍比感觉到妻子戳了一下他的腿，他的笑容更僵硬了。工作人员盯着鲍比，又看了看格吉特，然后从车门边往后退了退。

“先生，请你下车。”

20 分钟后，鲍比被带到了加拿大和美国边界的一间简陋的法定拘留室里，紧挨着妻子坐在一个人造革双人沙发上，他竭尽全力地想要把有关基因工程的基本道理解释给满屋子的海关工作人员听。不需要看妻子的脸他也知道，如果无法让工作人员相信他们真的不是去美国对无辜平民释放一些基因突变的老鼠，那这个询问过程一时半会将无法结束。他有一个坏习惯，那就是一紧张就只会按照事实说话，而且是全部事实。他是一个名副其实只会做实验的科学家，既不善于应付社交场合，也不知道什么时候该保持沉默。

海关人员越是茫然地盯着他，鲍比越是着急解释基因变异如何能让裸鼹鼠活到 30 岁，而不是像普通老鼠一样平均只能活两年。尽管他说话的同时已经意识到自己是在作茧自缚，但是他却无法让自己停下来。他们问鲍比一个问题，鲍比就开始据实回答，就这样，他一步步陷入了困境。

鲍比不由得想起他与乔治·丘奇的第一次会面，那次会面直接促使他和格吉特一起收拾行囊，迁往波士顿。这样，他们的生活也就交由命运和美国海关的意愿来决定了。

他们第一次会面之前，鲍比去丘奇实验室工作的事情进展都很顺利。他父母的良苦用心得到了回报，鲍比在学校表现优异，尤其是理科。他提前一年完成了高中学业，以靠前的成绩排名进入了滑铁卢大学工程学专业学习。最初，受电影《回到未来》（*Back to the future*）的启发，他希望将来能成为一名发明家，像“布朗博士”一样，他甚至已经以一名工程师自居。相比实践意义不大的纯理论研究，鲍比更着迷的是能创造出可以被人们实际应用的事物。

大学期间，他和格吉特结婚了，他们是通过一个印度在线婚恋网站认识的。格吉特是一名急诊科护士,受到锡克教的影响，这和鲍比的科学思想形成鲜明对比。正如从工程学转专业学习生物学时，他意识到遗传学的变革已经让生物学更像工程学了，但这也意味着研究范畴会面临更高的风险，当鲍比的研究有越界的风险时，她往往能够抑制他的冲动。

鲍比对逆转衰老过程的设想非常着迷。老化过程和一个遗传因素相关，是人类细胞随着时间的流逝而其机制衰退和老化的方式，与遗传物质中的基因链条编码信息紧密相关。他个人对这个问题的研究使他开始注意到了裸鼹鼠。

“这是一个丑陋的小家伙，”他对海关人员说，并且越来越兴奋，在工作人员面前挥舞着双手，“全身不长毛，疼痛感也很不灵敏，没有视觉，整个生命过程都生活在地下。”

格吉特又戳了他一下，想让他说话有逻辑一点，但他没搭理她。

“但是，想想吧，它能活30年，而且不会得癌症，普通老鼠只能活两年，最多三年。但是裸鼹鼠很特殊，我们却不知道其中的原因。这正是我们想弄明白的。”

正是裸鼹鼠的相关研究让鲍比遇到了乔治·丘奇。当时，他在加拿大的博士学位学习快结束了，鲍比开始寻找与逆转衰老进程研究有关的博士后研究工作。他在网上搜索了涉及老化进程研究相关的招聘信息，通过输入简单的关键字“裸鼹鼠”，丘奇实验室的消息就出现了。丘奇和他的博士后一直在研究裸鼹鼠，试图找出将其惊人的寿命转移到人类细胞上的方法。

鲍比向格吉特说明这项研究和所获得的工作机会时，她最想弄清楚的就是丘奇和他的团队所做的研究是否背离了道德。试着去延缓衰老是在扮演上帝的角色吗？鲍比做了积极的回应，格吉特也完全能接受，毕竟，她在医院工作，每天都在改变人们的命运。对鲍比来说，衰老是一种疾病，也许有一天，丘奇的裸鼹鼠可以向世界医学提供一种治疗衰老的方法。鲍比立即向丘奇的实验室提出了申请，不久就获得了一次面试机会。

此刻，鲍比急得快要从沙发上站起来了，他在详尽地解释着地下啮齿动物的生理机制，汗水从他的背上不停地流下来，就像他在新研究大楼二楼的办公室里第一次见到乔治·丘奇时一样。对鲍比来说，丘奇一直是令人生畏的——高大、才华横溢，不在闲聊或社交场合上浪费一点儿时间——沉默寡言，就像海关人员一样。丘奇越安静，鲍比越紧张，他就开始用任何他能用到的方式来填补这种沉默。面试的前一天晚上，为了做好准备，鲍比重新阅读了丘奇关于遗传学的著作，他竟然不假思索地开始批判这本书的内容了，鲍比指出了丘奇书中所有他认为有错误的内容。尤其是丘奇在文章中主张脱氧核糖核酸（DNA）是活细胞中的原始存储介质，而鲍比认为核糖核酸（RNA）才是。

鲍比终于讲完了，丘奇就像现在的海关工作人员一样看着他，鲍比结结巴巴地准备道歉时，一个秘书示意鲍比，他该去给实验室的其他博士后做一个关于他博士研究的报告了。

丘奇一言不发地带着他沿着通向会议室的长廊走，鲍比以为自己正走向电椅。到达会议室时，他发现情况变得更糟了，他发现眼前是一个挤了 80 多个不同阶段博士生的房间，他们年龄从 20 岁出头到 60 多岁都有。他原想的是给一个五人小组做报告，最多不超过十人，他几年前曾接受过其他实验室的面试，通常只涉及一小部分学生，问的问题也都很简单。

“我的面试是面向整个系部所有人吗？”他问丘奇。

“这些都是丘奇实验室成员。你准备好的话随时都可以开始。”

随后，丘奇就离开了教室，把他独自留在了讲席。鲍比好不容易渡过了做报告的难关，却又被问了十几个非常有难度的问题，他浑身都是汗，要知道，那可是博士论文答辩以来他遇到的最难的问题了。当丘奇要他到实验室集合，结束面试时，鲍比还是看不出丘奇会做出什么样的决定。

但丘奇只是瞥了他一眼，嘀咕了一句："核糖核酸是原始存储介质。嗯，有点意思。"

当天晚上，鲍比回到了多伦多，妻子听完他所说的，觉得他完全失去了去丘奇实验室工作的机会。因此，当一周后他接到丘奇实验室的电子录取通知书时，鲍比感到非常惊讶，高兴地庆祝了一番。然后他便和格吉特规划着如何开启新生活了。

"当然，欢迎你到实验室去看看，"连鲍比自己都觉得不该继续说下去了，海关人员看着他，仿佛面对着一个疯子，"事实上，我把我的论文放在了汽车后备厢里，你等等，我这就去拿给你看。"

他们的生活一定不会很富裕的，因为博士后领的仅仅是最低生活保障工资。他在芬威公园附近找的公寓，条件非常简陋，足以让他的父母想起他们小时候生活过的印度建筑。但是，他能和一批全世界最杰出的年轻科学家，还有乔治·丘奇一起工作。他已经尽可能接触了所有博士后，了解了他们正在研究的各个项目。在所有人中杨璐菡的成就是非常突出的，她的论文让人印象非常深刻，而且很多方面的观点和鲍比不谋而合。他们的研究内容都是从小鼠卵巢中分离干细胞，并让它们变成成熟的卵子，并且都处在项目早期的计划阶段，在研究中进行合作的可能性很大。他们研究的最终设想是用小鼠精子进行上述实验，直到某一天性交不再是繁殖的必要步骤，因为性交的作用都可以在一个托盘里实现。鲍比这次没有采纳格吉特的意见，因为她还有些顾虑。但这个项目可能会对体外受精技术的未来产生巨大影响。

让鲍比惊讶的是，当他还在不断解释有关裸鼹鼠的实验时，一个海关人员带着从他的车后备厢里拿出的博士论文走了进来。在其他工作人员翻阅了论文后，鲍比发现他们终于开始相信他所说的了——他不是一个疯狂的恐怖分子，而是哈佛大学的博士后。从那一刻起，他们随时可能允许鲍比离开拘留所了。

鲍比也迫不及待地想赶路了。一想到丘奇实验室的工作，他就变得非常兴奋，因为那里有无止境的科学命题等着他去解决，在那儿，他可以大有作为。事实上，最近，璐菡曾因丘奇亲自分配给她的一个研究联系了鲍比，她相信鲍比一定会非常感兴趣。他还不知道项目的具体内容是什么，但他确信，如果丘奇和璐菡都参与其中，那这个项目就一定意义非凡。

鲍比看了看那些工作人员，他们还在翻看他的博士论文，他又看了看妻子，她正准备随时制止他再说错话。鲍比明白了，不管丘奇和璐菡到底要做什么，都不是他在这个美加边境的拘留室里能说清楚的。

17

确定复活特征

TIME：2013 年初

AD：路易 · 巴斯德大街 77 号，哈佛医学院

元素咖啡馆一楼，宽敞的观景窗旁摆放着一张四人圆桌，远处的人行道人头攒动，熙熙攘攘。

贾斯廷 · 奎恩，现年 28 岁，毕业于某社区大学，当过汽车销售员，是一个动物爱好者，还自称神秘忍者。他对诸多不寻常的事情已经司空见惯，但即便如此，接下来发生的事情还是让他不敢相信。他现在身处哈佛大学，坐在医学院大楼内一个精美豪华的自助餐厅里。要知道，他周围的人大多读过昂贵的

预科学校，取得了傲人的学业能力倾向测试（SAT）成绩后录取到了美国顶级的大学读书，这些大学都是奎恩不敢奢想的，何况那些顶级大学高昂的学费他也承担不起。奎恩小时候生活在马萨诸塞州的埃姆斯伯里，家里非常贫穷，由他的母亲和继父抚养长大。亲生父亲离开他之后，奎恩的学业荒废得厉害，花了10年时间先后读了3所大学才获得了一张大学文凭。而如今，他正坐在这里品尝着黑咖啡，热气浸透了印在杯座上的哈佛大学标志和显眼的两个粗体字——真理，捧在手心时，奎恩似乎能真切地感受到它们的灼热。

奎恩并拢着双腿，有些不安地坐在一张硬塑料椅上，他面前的桌面上堆满了有关基因数据的打印资料和猛犸象的照片，还摆了至少3台笔记本电脑和4部苹果平板电脑，然而这些东西都不是他的。尽管如此，他还是决定要表现得自信些，至少要让别人看起来这些东西属于他。

至少奎恩的穿着是非常适宜的。他身穿一件印有猛犸象卡通形象的浅蓝色短袖圆领衫，快遮住眼睛的棒球鸭舌帽沿上印着猛犸象骨架图，脖子上挂着一串从易趣网上买来的真长毛象牙制成的项链。当然，这象牙的材质有些老旧了，所以项链不值什么钱。

为参加猛犸象复活事宜的首届正式会议，奎恩在穿着方面可是做足了准备工作。一想到有幸被吸纳为猛犸象复活团队的最新成员，他就觉得理应为此加倍努力。

无论是名头还是长相，坐在奎恩对面的其他三名队员都令人印象深刻，这是他所遇见的最有才气的一帮年轻人，但奎恩却很难对这些人的领军人物杨璐菡有好印象。她打量奎恩的眼神中总是掺杂着不解和毫不掩饰的怀疑。她那乌黑的双眼对奎恩的每一瞥都让他脊背发凉，惊惧不已。

鲍比·达德坐在杨璐菡的旁边，双手在平板电脑上不时地滑动着，他拥有工程学硕士和生物学博士学位，比璐菡要平易近人一些。他经常面带笑容，厚厚的眼镜片上粘满了指纹，这些都让他有了超出实际年龄的大家学者风范。奎恩听到鲍比与同事们谈论起要和妻子计划生第一个孩子，相对于那些表情全无地穿梭在新研究大楼大厅里的研究员，他感到鲍比更贴近一个有生活气息的普通人。

璐菡团队的另一个成员马戈·门罗（Margo Monroe）获得了波士顿大学的生物医学工程博士学位。她聪明又讨人喜欢，戴着一对大象形状的耳环，这给她的形象增色不少。

有这三个人的存在，奎恩觉得有必要证明自己的价值，向大家展示他的雄心壮志。于是，他拿出一些材料放在了桌上，把咖啡放在了一台笔记本电脑旁，开始敲击键盘，继续和璐菡进行交流。

“在我看来，我们可以把这个问题分解成以下三部分来分析：第一部分是我们以后需要的，第二部分是我们已经拥有的，第三部分是我们必须要做的。首先，我们需要大象细胞作为研究对象。虽然我们需要的样本从个体来看非常小，但随着时间的推移，我们将需要大量的实验样品。很明显，我们可以很小心且不造成伤害或疼痛地获得大象的肉体组织，但我们还将需要活细胞，这就需要和动物园、研究中心，以及动物保护组织取得联系。”

这样的交谈让奎恩感觉非常美好，因为这至少意味着其他团队成员正在倾听自己的看法。另外，他非常喜欢制订计划的过程，这可能和他早年坎坷的生活经历有关。作为一个贫穷的蓝领阶层小孩，他对生活没有太多的选择。当他和妈妈在附近一家野生动物康复中心做志愿活动时，他开始爱上各种动物，而且这让他开始对生物学和濒危物种研究感兴趣，但当地公立学校只提供生物学的基本课程，比如解剖青蛙，在显微镜下观察藻类等。

高中毕业后，奎恩家庭所能承担的最好选择应该是圣安瑟姆（St. Anselm）大学了，这是一所位于新罕布什尔州曼彻斯特市的教区学校，由本笃会的修道士管理。但新生第一天的校情介绍进行了还不到一半时，他就意识到这个地方不适合他——这里禁止在校内追跑，禁止擅自离开校园，晚上 8:00 以后禁止和女生说话。于是，奎恩还没等主管教士分发名牌就离开了这个学校。

这一决定意味着他需要努力赢得奖学金来支付学费才能读两年的社区大学，然后才能转学至新罕布什尔大学，如果没钱支付学费就只能辍学。接下来，奎恩为了赚足钱完成大学学业做了好几年汽车销售。到了他刚取得生物化学学位和遗传学辅修学位并顺利毕业时，他的母亲却患上癌症——这让他整个人都陷入了绝望和崩溃。

奎恩机缘巧合地遇到乔治·丘奇时，他正处在人生的最低谷。他需要钱，想要在遗传学和生物学上闯出一片天地，于是他在一家名叫经线传动（Wrap Drive）的新公司里得到了一份工作。这家公司位于剑桥市，是丘奇所创立的众多公司之一，致力于将合成生物学应用于自然生物体，并赋予其医学用途。该公司从亚马孙河流域和拉帕努伊岛等极其偏远的地域采集样本，然后利用基因工程技术将天然细菌和植物变成医疗物品。奎恩的工作岗位属于基因工程部，在工作过程中，他系统地研究并掌握了分子编辑的详细情况。

因此，他虽然没有像其他“复活者”一样接受过正式的科班教育，但在基因工程领域也绝非新手。

“接着，我们需要弄清楚接下来要研究的基因特征，”他继续在键盘上输入，“猛犸象基因的独特之处是什么?”

这时候，另一名队员接过了话题，璐蕊引领的这场讨论进行得非常热烈。与此同时，鲍比和马戈正通过其他的笔记本电脑和平板电脑进行有关苍蝇的数据研究。想要弄清楚这种标志性的史前生物最典型的特征并不是一件简单的工作，他们用另两台笔记本电脑打开了关于猛犸象研究的所有论文，同时，其他平板电脑还在循环检索各种科学期刊，以便更深入地分析各种可能性。

最终，研究小组确定了猛犸象的 13 条基本特征，其中有 4 条是他们认为最重要的，这将是他们的首要研究目标。第一个特征，也是最明显的特征——浓密的毛发，长毛猛犸象因此得名，它们使猛犸象的皮肤免于暴露在酷寒之中。

第二个特征是厚厚的皮下脂肪层，这种脂肪层能让长毛猛犸象抵御栖息地的严寒，并在越冬时给它们提供营养，这是现代大象所不具备的。

第三个特征是长毛猛犸象小而圆的耳朵，这与普通大象巨大且不断扇动的象耳有很大的区别。

最后一个特征，也是长毛猛犸象从基因上有别于普通大象的特征，那就是猛犸象的血红蛋白。不同于普通大象和大多数进化到适宜于温带或非冰河时代气候条件下的哺乳动物，猛犸象血液中的血红蛋白能在接近冰点的温度下在细胞中发挥作用。对于人类和现代的大象来说，温度在 – 时，血红蛋白内部的氧分子会紧紧地结合在一起，而且神经末梢的机体组织会被冻伤，甚至死亡。但是不管在多冷的温度下，猛犸象的血液还能正常流动并释放氧气。

猛犸象这 4 个主要特征确定后，璐菡启动了项目的第二阶段的讨论。

“接下来就是问题的关键了。我们得在猛犸象的基因序列中找到这些特征，并弄清楚这些特征的基因编码情况。”

“这意味着我们需要完整且正确的猛犸象基因组测序数据。”鲍比插话说。

“宾夕法尼亚州立大学的项目怎么样?”马戈问道。宾夕法尼亚州立大学已经进行过最初的猛犸象基因测序工程，《纽约时报》的尼古拉斯·韦德曾因此专门致电丘奇，这也是他们最初聚集在一起的原因。

“有意思的是，”鲍比说，“有一段时间他们确实在网上公开了部分序列，但后来他们又撤销了这些数据。我尝试过联系他们，但并没有得到他们的回复。”

按照奎恩的猜测，最大的可能是他们的测序过程存在某种问题。用一个小小的样本给一万年前的生物基因进行排序，这是一个极具难度的任务。更何况猛犸象的遗传物质中有40亿对碱基对，这可比人类的DNA多了足足10亿对。

璐菡说："还有一些组织或团队在研究猛犸象的基因物质，芝加哥就有一个团队，还有哈佛大学的莱希实验室（Reich Lab），这个实验室的测序数据应该足够可信，而且丘奇博士在上次会议中也对我提到过，他们的数据可以公开，提供给我们，用以完成灭绝猛犸象的复活计划。"

身处哈佛大学，以及在丘奇实验室中做研究当然会具有一些优势。事实上，最近丘奇刚从一个加拿大的收藏家手上获得了他私人收藏的冰冻猛犸象样本——一小段的猛犸象肠脏，现在就放在新研究大楼二楼的冰箱里。如果有足够的时间、金钱和意愿，他们本可以自己测序。但幸运的是，他们不需要这样做。因为丘奇是科学资源共享的最大支持者之一，他和其他基因科学家之间建立了深厚的友谊。

正是由于丘奇的开放态度，奎恩最初才有机会来到哈佛医学院，并和大家一起讨论问题。丘奇、布兰德和费伦正式决定启动复原计划时，他们就与《国家地理》（*National Geographic*）杂志一起举办了关于"灭绝动物复活"的TED演讲。奎恩多次聆听了这些演讲，几乎同时，他就想参与其中了。

作为经线传动的联合创始人，丘奇每月至少都会到这家初创公司里考察一次。在一次考察过程中，奎恩突然冲到丘奇面前，大声喊道：“丘奇博士，我一定要做这件事，这是我一直以来的梦想，它将证明我的人生价值。”

虽然奎恩的言辞有些夸张，但丘奇还是被打动了。丘奇电话联系了布兰德和费伦，最后他们一致决定接受，并邀请奎恩参加灭绝动物复活项目的研究。

“一旦我们能拥有猛犸象的基因组，”璐菡接着说，“就需要找出之前我们所指定特质的基因编码，包括毛发、耳朵、皮下脂肪和血红蛋白。”

虽然听起来很复杂，但这只是这些任务中相对简单的一个程序。识别这四个特质的关键其实就在于“人类基因组计划”。因为“人类基因组计划”早在2003年已经完成，科学家们已经进一步在超过三十亿个碱基对的遗传物质序列中识别出了大约两万个特定基因序列，这些遗传物质碱基对就显示了人类的某些特征性基因编码，包括眼睛的颜色，各种遗传性疾病和其他情况。

因此，如果研究小组想要找出长毛猛犸象基因序列中的一个特定基因——比如说，红色毛发——他们就能在已经测序的人类基因组中找到类似的特征，然后用计算机匹配程序将这些基因序列从长毛猛犸象基因组内隔离出来。这就像将参数插入搜索引擎一样简单，比如“谷歌+遗传物质”。

毛发、耳朵、皮下脂肪、血红蛋白——只要有猛犸象基因组数据，这些都是可以搜索到的。有关长牙的基因是研究小组准备在项目后期寻找的一个关键特性，因为人类没有长牙，搜索这种特质的决定性基因会更加困难。在猛犸象身上识别关联长牙的遗传物质编码将需要不断进行推测、实验，也是一个不断犯错的过程。

“一旦我们找到了所需的基因，”璐菡继续说，“我们就开始进行合成。”

他们都很清楚自己并不是复活猛犸象，而是创造猛犸象。他们不是要从冷冻的尸体上转移遗传物质，相反，他们会在培养皿中创造一种新物质，并将其植入活的大象细胞内。

这就是奎恩每天都在经线传动公司进行的合成生物学研究。可惜的是，他没有足够的工作经验，没有进入研究生院学习的经历，也没有良好的大学学习背景或权威的推荐信，他曾被许多申请单位拒绝。哈佛大学的实验室确实之前也聘用过没有获得博士学位的人员，但奎恩不是哈佛大学的职员，所以，从学术方面说，他是不允许在丘奇实验室里工作的，只能作为受到某位博士后邀请的客人身份参加“复活者”会议。但是，他的亲身实践经验使他成为这个团队中绝对胜任而且至关重要的一员。

“之后我们会把基因植入普通大象细胞内。”奎恩一边说一边把项目的第四阶段，也就是最后一个阶段的计划键入了笔记本电脑。

乔治·丘奇所引领的遗传学领域的基因转变行为简直就像变魔法，它不再只是解码遗传物质，而是编码遗传物质。

奎恩能感觉到璐菡正在上下打量着他，而且知道他在想什么。这个项目的第四阶段属于尖端科学，重点在于切割基因。因为他们将这些已编码基因植入大象活体细胞的过程，将是现代科学的一次重大飞跃。

CRISPR 基因编辑技术 * 是一项彻底改变遗传生物学的科学成就。这种同时编辑大量基因的新方法是六个月前通过刊发在《科学》（*Science*）杂志上的两篇论文才为人们所知的。其中一篇来自乔治·丘奇，另外一篇是丘奇实验室集体署名发表的。几乎同时，另外三篇相关论文也在同月发表了，这种情况下，

---

* CRISPR (clustered regularly interspacedshort palindromic repeats)，也称为基因编辑技术，被称为成簇的规律间隔的短回文重复序列，实际上就是一种基因编辑器，是细菌用以保护自身对抗病毒的一个系统，也是一种对付攻击者的基因武器。后来，研究人员发现，它似乎是一种精确的万能基因武器，可以用来删除、添加、激活或抑制其他生物体的目标基因。这些目标基因包括人、老鼠、斑马鱼、细菌、果蝇、酵母、线虫和农作物细胞的基因，这也意味着基因编辑器是一种可以广泛使用的生物技术。——译者注

自然就有多家实验室声称自己首创了 CRISPR 基因编辑技术。

璐菡、鲍比和马戈的 CRISPR 掌握的基因编辑技术已经日趋成熟，他们对此的理解和掌握不比任何人差。奎恩在每天的工作中都会应用 CRISPR 基因编辑技术，事实上，他经常去当地的高中举办公益讲座，他明白，就像 CRISPR 基因编辑技术背后的其他复杂科学一样，它是一个非常重要的工具，每个人至少都应该对它的工作原理有一些基本了解。

过去的几个月里，奎恩试着想出简单的方法来解释基因工程的重要工具，他觉得这个非常重要。

面对高中学生，他从最基础的知识开始讲起。每一个生物体内的每个细胞都包含着一份生物基因组——DNA 双链结构，由数十亿的碱基对组成，这些碱基对决定了每种生物的每个特性的编码信息。这些双链结构被称为“双螺旋”,是詹姆斯·沃森、弗朗西斯·克里克和罗萨琳·富兰克林（Rosalind Franklin）在 20 世纪 50 年代发现的，它们被连接为成对的化学碱基、腺嘌呤配对胸腺嘧啶（A-T）、鸟嘌呤配对化学胞嘧啶（C-G）。

简单的细菌进化形成了一种自我保护机制来保护自己的基因组——DNA 双螺旋结构免受病毒攻击。为了保护自己，它们会利用了一种起类似“分子剪刀”作用的 Cas 9 蛋白质。当细菌受到病毒攻击时，病毒的遗传物质会扩散到细菌里，而 Cas 9 蛋白质在一系列信使在RNA的引导下与入侵病毒的DNA相匹配。也就是说，信使RNA是一种携带遗传物质信息的单链核苷酸，它使用这些遗传物质信息来聚合蛋白质，这将在精确点位把病毒的遗传物质从连接处切割开来。RNA从本质上会变成一个目标定位体系，让Cas 9蛋白质进行准确基因剪切并摧毁入侵病毒。

六个月前，包括詹妮弗·杜德纳（Jennifer A.Doudna）、马丁·季聂克（Martin Jinek）、张锋、丛乐、普拉桑特·马里，还有丘奇实验室的璐菡等在内的全球几个科学家团队意识到，Cas 9蛋白质也可以用来剪切除病毒之外其他有机体的遗传物质链。他们可以利用合成创建的向导RNA将Cas 9蛋白质对准任何既定的基因序列，把它们剪切隔离出来，然后用实验室创建的不同基因序列替换它们。丘奇发表在《科学》杂志上的论文第一次论证了CRISPR基因编辑技术可以成功地应用于人类细胞研究。

简而言之，将猛犸象的基因植入大象细胞就像设计一个RNA引导片段来匹配序列末端的碱基对一样简单，这些碱基对将对应你想要替换的任何特征的编码信息。其后，Cas 9蛋白质将会完成剩下的任务。RNA将与类似的普通大象基因一起排列合成人造基因，并用Cas 9分子剪刀将DNA切片，而基因组本身会通过自然愈合过程将新的长毛猛犸象基因重新附着在对应的位置上。

大象细胞将不再包含普通大象基因。相反，它将包含一种合成猛犸象基因，这种猛犸象基因的编码信息拥有我们想要的特征。

“这一实验取得成功的时候，也就证实了我们能将猛犸象基因植入普通大象细胞，我们的工作就可以转移到干细胞研究上了。”

干细胞是每一种生物体内的未分化细胞，它可以引起构成整个生命其他细胞的差异性。大多数细胞的特性都是特定的，而且这种特性不会改变——组成耳朵或毛发的细胞仍会保持原样。但干细胞可以分化成机体任何部分：耳朵、毛发、心脏、肺、血红蛋白、长牙。一个转基因的干细胞可以产生猛犸象的所有特征。这些特征将变得可以被继承并不断得到继承。这种新生物不仅外观和猛犸象一样，行动也和猛犸象完全一样。事实上，它就是猛犸象！

召集会议时，璐菡全权负责并掌控一切，她把整个团队分成小组以便承担不同的科研任务。鲍比和马戈负责联系动物园以寻找大象样本，璐菡则全力寻找完整的猛犸象基因组，并收集研究基因序列，确定他们想要复制的特定性状。奎恩负责设计和准备 CRISPR 基因编辑技术的所有组件，也就是将合成的猛犸象突变基因植入普通大象的基因组中所需的一切。

在离开咖啡馆的时候，他们每个人都兴奋得像即将奔赴战场的战马。

“记住，”鲍比一边说，一边微笑着把笔记本电脑收了起来，“只有努力剔除所有的虚幻成分，我们的理想才能变为现实，否则，它将永远是科幻。”

18

大象胎盘

TIME：2013年初

AD：哈佛医学院

两天了，为获得大象的机体组织，鲍比给一个又一个动物园和动物保护所打去随机求助电话，但打完所有的电话后，他的脸上都没有一丝笑容。他手里拿着座机话筒并把它贴在耳边，听着电话那边动物园经理的嘶吼，鲍比非常想在那位经理罗列完他的所有大道理前说句话，但那位经理对他喊起来却没完没了，似乎都顾不上停下来喘口气，一句句激烈的言辞像脱轨的火车一样脱口而出，接连不断。

“不!”他终于打断了这位异常激动的动物园经理的“长篇独白”，“我们并不是要克隆大象，我们只是需要一点样本来做实验……”

“不，我们也不会杀死任何一头大象，我们没有理由要杀死大象。”

“是的，我看过那部电影，对，那些恐龙非常恐怖……”

“对，我也看过那部电影，但是，我们不是要制造可怕的变异动物……”

鲍比想过要直接挂断电话，但一想到他已经以丘奇实验室一员的身份做过自我介绍了，所以并不想表现得太无礼。他觉得自己肩负着某种责任——特别是当时他就坐在丘奇的办公椅上。

他本来没想过在丘奇的办公室里打电话，如果能让他在咖啡馆里用自己的手机打这个电话，那他会感觉轻松许多。但璐菡劝他说，他身后最好不要有嘈杂的背景音乐，那样会显得不是很正式，而且，丘奇当时不在办公室，一时半会儿也不用电话。

当时，丘奇已解决了一次公共关系危机，说起来这次突发事件和猛犸象复活项目，以及其他灭绝动物的复活计划有些联系。据鲍比了解，这个事件是在一月份丘奇接受德国杂志《明镜周刊》（*Der Spiegel*）采访的过程中引发的。采访期间，采访者提到了丘奇的新书《再创世纪》(*Regenesis*)，书中丘奇清晰地表达了复活灭绝动物的想法，以及能让研究者们复活猛犸象和其他已灭绝物种的科学理论。在这本书中，丘奇所列举的“其他物种”就包括了他研究已久的尼安德特人。在说明复活猛犸象所需的必要基因工程步骤后，该书写道：

> 同样的技术也将用于尼安德特人……当你获取到一个成年人的干细胞基因组后，再开展逆向工程，逐步将尼安德特人的基因组或类似的等效基因组编入其中……如果社会能接受克隆技术并意识到人类多样化的价值，那么尼安德特人类本身就能通过某个代孕的母猩猩或极富冒险精神的女性进行克隆。

访谈记录发表后，丘奇的观点却被《麻省理工科技评论》(*MIT Technology Review*)杂志曲解了。按照这个杂志的报道，丘奇的研究似乎已经完全超越了理论层面，而且，该杂志实质上真的发出了一则招募志愿者的通告——寻找代孕尼安德特人婴儿的女性。在“马丁·路德·金纪念日”的烤肉宴上，丘奇的电话响了，对方是哈佛大学医学院院长。

“你有没有发出一个寻找代孕尼安德特婴儿女性志愿者的通告?”这位院长问。

如果事情没有引起如此大规模的骚乱，问题可能并不是很大，大家大可一笑而过。但是如今，丘奇被迫和《波士顿先驱报》（*Boston Herald*）在内的众多报纸和杂志社主动沟通情况并说明问题，复活尼安德特人的工作还在进行中，并没有真正被实现。更离奇的是，丘奇实验室已收到数百封自愿代孕第一批尼安德特婴儿的女性来信。这足以说明两个问题：第一，大波士顿地区有大量“极具冒险精神的女性”；第二，遗传学是一个强大的工具，也是伦理学的“地雷阵”，科学家们面对公众所发表的言论极易被误解。所以无论科学家有多么善良，总有一些人会把他们想象得非常糟糕。

鲍比也亲身体验到了这样的教训。

每个电话的结果都是一样的。一开始，动物园经理会出于对哈佛大学声誉的尊敬，所以对鲍比表现出了一定的礼貌。但一当鲍比提到基因工程，他们就变得疑虑、恐惧，甚至愤怒。每一个与他交谈的人都会立即得到同一种结论——鲍比要么正在试图克隆大象，要么就在把它们变成某种怪兽。因此，不管鲍比说什么，他们总是一口拒绝。

“我们只需要一丁点儿样本，”鲍比又尝试了一遍，“大象甚至都觉察不到。”他试图将事情的影响缩小一些。事实上，当他们获取少量机体组织时，大象肯定会觉察到，但不会对动物造成任何疼痛或长期影响。

动物园管理者们并不想听这些解释。鲍比只好在名单上做完标记，道谢，并挂断电话。他又从名单上划掉了一个名字，此刻名单也快要到底了，他甚至开始考虑放弃了。也许他们可以从其他某个实验室找到一些冷冻的大象机体组织，或者在某个大学的文化遗产储存库中找到所需要的。但是那样璐菡一定会说，有一个鲜活的细胞最好。对于像璐菡这样意志坚定的人来说，被多少人拒绝并不重要，只要有一个人答应才是关键。

鲍比把注意力转移到了名单的下一条——一个位于波士顿以西 40 英里（约 64.37 公里）郊外的私人动物园。根据鲍比的备注，那里有一对健康的四岁非洲象。

鲍比拨号时并没抱太大希望，但当一位声音和蔼亲切的长者接电话时，在遭到 40 个小时连续不断的拒绝后，他还是用最正式的腔调开始恳切的请求。他向电话那头的长者解释了猛犸象复活计划，然后请求获得哪怕一丁点儿细胞样本。

令鲍比吃惊的是，这位经理并没有立即回绝他。相反，他欢迎鲍比到动物园去参观并亲自看看这些动物。之后，电话那头补充道："鉴于你打算做的事，我认为你还需要再仔细考虑一下。但如果你执意要做，需要的话，我很乐意帮忙。"

听到这个答复，鲍比万分激动，他甚至忘了搞清楚那个神秘而又模糊的警告是什么意思。

不管怎么样，猛犸象复活计划的第一步总算是迈过去了：他们已经找到大象细胞。

两天后，鲍比、璐菡、奎因和马戈聚在了元素咖啡馆的老地方——靠窗的桌子，他们四人围坐在一台笔记本电脑前，屏幕上播放着鲍比大概 14 小时前用手机拍摄的视频。为了能把大部分围场看得清清楚楚，鲍比的手机离那家私人动物园大象栖息地的铁丝网围栏非常近。绿草茂密的牧场通向了一个椭圆形的人工湖，湖周围有一些灌木和热带大草原上的矮树。有那么几秒钟，屏幕上什么也没有，突然，一个中年男子出现在屏幕中央，拼命地奔向栅栏。他一只手抓着帽子，另一只手举着一支大型皮下注射器针头，脸上的肉已经因为惊吓变得扭曲。只见他脚下尘土飞扬，奋力冲向牧场中心的铁丝网围栏内一个中等大小的钢制围场的挡板。

大象追着他跑入视野时，他差点撞在路障上。在屏幕上，大象看起来是鲍比印象里的两倍大，而且跑得飞快，几乎和动物管理员一样。它耷拉着的巨大的耳朵贴在头的两侧，獠牙向天空翘着，象鼻在空中卷曲着，这表明这头大象被彻底激怒了。它眼里满是愤怒，大步冲向前时，摄像机和整个动物园似乎都在晃动。

动物园经理终于越过了路障，跑出了铁丝网围栏，他转身合上围栏并上锁后，开始不断地大口喘气，而这一切就发生在几秒钟之内。那头大象在离路障几英尺远的地方停住了，用又大又厚的脚不停地刨着地面。最后，它才转身晃着硕大的脑袋走了回去。

视频播放完了，璐菡首先说话了。

“非洲象倒是攻击性挺强啊！”

奎因清了清嗓子说，“你觉得呢？鲍比拿着提取样本的针头可能根本无法靠近它。”

“把它们中的一个变成猛犸象，这可真不是我们情愿的事情。”鲍比的声音里透着沮丧。

其实，他们谁都没有义务要去完成这个设想。他们都看过电影《侏罗纪公园》，横冲直撞的长毛猛犸象毁灭西伯利亚地区的乡村这件事，可不会为他们赢得诺贝尔奖。

“那我们该怎么办？”马戈问道。

短暂的沉默之后，璐菡耸了耸肩说：“我们当仁不让。”

从遗传学的角度来看，非洲象绝对不会是他们的首选。物种特性方面，亚洲象攻击性不强，性情也相对温和，更适合他们的研究；从基因角度看，与非洲象相比，亚洲象和猛犸象的共同点更多，因为它们与猛犸象属于近亲物种，这样测序工程的进程也会更加顺利和容易。这一点是有依据的，毕竟亚洲象和群居的猛犸象来自同一个大陆。

璐菡的测序工作已经取得了进展。哈佛大学的莱希实验室按时完成了任务，“复活者”们也初步获得了猛犸象的基因组序列。璐菡已经开始运行搜索程序来寻找与他们所要的特征完全匹配的基因组：毛发、耳朵、皮下脂肪和血红蛋白。

很快，他们就需要大象样本了，但很难找到亚洲象。作为一个濒临灭绝的物种，野生亚洲象的总数不到五万头。在过去的 60—75 年间，它们的总数至少减少了一半。

“很多动物园里都没有亚洲象，”奎因把团队其他人员的想法说了出来，“既然动物园的经理们在鲍比靠近非洲象这件事上都为难他，那么更不会让我们接近濒危物种了。”

所有人沉默了足有一分钟，只有咖啡馆内的音乐在他们四周不断地回荡。最后，璐菡打破了沉默。

“在我看来，我们不需要整个大象。”她说。

“什么意思呢？”马戈问道。

“我们最终的目标是获得干细胞，对吧？”

为了把变异的猛犸象遗传物质移植到普通大象的基因中，他们需要单个的干细胞。他们原本计划在活体大象的细胞上完成实验。

“对，”鲍比说道，“但现在我们很难找到活体大象样本，到哪里才能获得大象干细胞呢？”

“大象胎盘。”璐菡的话让大家眼前一亮。

众所周知，哺乳动物的胎盘中含有大量干细胞，胎盘细胞和胎儿细胞一样有活力，因此比普通体细胞（组成动物身体的任何生物细胞）更容易重新进行编辑。这是一些夫妇在孩子出生后妥善保管胎盘组织的原因——冷冻干细胞可以用于未来的医疗过程，如治疗白血病、各种癌症（如霍奇金淋巴瘤），以及其他近 80 个童年和成年早期疾病。

“你现在有大象胎盘吗？”奎恩问。

璐菡笑了笑，轻轻地说：“这倒是不难。”

她拿过笔记本电脑，输入了一个网站的关键词，这个网站转播了一个动物园围场内的录像视频。视频中是一头腹部鼓得快拖到地面的雌性亚洲象，它太重了，似乎膝盖都要被它的身躯给压弯了。

“它怀孕了。”奎恩平静地说。

“这是一个实况摄像机，”璐菡解释说，“这台摄像机在芝加哥，它一天 24 小时都在运作。这一周我不时都会查看里面的情况。”

“啊？”奎因说，“它怀孕多久了呢？”

“我不知道，大象的孕期是22个月。”

大象是所有哺乳动物中妊娠期最长的一个。这样一来，猛犸象复活计划就会面临一个问题，那就是不管我们多快地进行测序、合成工作并将基因植入受精卵中，一头大象还是要花两年的时间才能生产出小象。

“真的有人会一直坐在那儿，在网上观察怀孕大象的一举一动吗？”奎因问。

鲍比说：“菲律宾有一个电视频道，全天仅播出一个水族馆的实时动态。人们对此感觉太新奇了。”

璐菡打断了他们的谈话，说：“这意味着只要这只大象分娩，我们就能知道。如果我们能征得动物园的同意，我们就可以请人到动物园里采集一块新鲜胎盘，以便随时使用。”

鲍比思索了一会儿。

他说：“只有我们行动足够迅速，它才能保持新鲜。这意味着我们必须要知道它什么时候开始分娩，为此我们得一直盯着这个视频看。”

奎恩说：“我认识一个芝加哥人，他能帮我们解决问题。这个花销不会比从奥黑尔到洛根最便宜的机票贵。”

璐菡点点头。奎恩对她的印象愈加深刻了。她环视了一下在场的每一位成员，转身指着屏幕说：“那么谁愿意先去呢？”

19

小象出生

TIME:2013 年 4 月

AD：芝加哥，动物园，亚洲象栖息地

28 岁的杰克·沃尔顿（Jack Walton）打从娘胎里生下来就没有干过什么正经营生，都是靠做些杂七杂八的事情来谋生，这些年为了多赚点钱糊口，他受了不少窝囊气。但是，作为一个博士读了九年，一度担心自己毕业遥遥无期的人，他似乎对工作也没有什么好挑剔的。在芝加哥大学生物系读三年级时，他曾在伊利诺伊州埃尔金市的一个脱衣舞俱乐部工作过。在女孩们换班的时候，他把自己锁在浴室隔间里，争分夺秒地完成了一篇关于在大肠杆菌中发现的特殊蛋白质抑制剂的论文。在其中两年的暑假期间，他找了一份开冰激凌车的工作，同时，他在装满七彩汽水以及海绵宝宝冰激凌三明治的冰柜旁读完了很多期《科学》和《自然》（*Nature*）杂志。2012年冬天，狂风怒号，成团的雪花如同垂死天使般不断地从天上落下，冰冷刺骨。在冰封的密歇根湖湖面上，他却裸露着双手在游客们尽情滑冰前给他们的冰刀开刃，还要帮他们系鞋带。

不过和现在相比，之前他做过的所有工作都不够荒唐。他最新的工作是，守着大象看它分娩！在此之前他从未见过这样的场面——并且再也不想见第二次了。

沃尔顿就站在待产亚洲象栖息地四周的厚玻璃围墙边，他正斜靠在一个齐肩高的栏杆上，脚下放着一个大号的白色塑料医疗级冷却器。他旁边站着一个动物园管理员，是一个稚气未脱的年轻人，长着棕色的卷发，脸上总挂着傻傻的微笑。

“真令人难以置信，不是吗？”那个年轻人说，“这是生命的循环。”沃尔顿并没有看到什么生命循环，他只看到满地的血迹和黏液，还有一只可怜的、又胖又难看的大象蜷缩着身体艰难地蹲在地上。随着羊膜囊开始收缩，小象慢慢出生了，就像一只气球从小了许多的阀门里被挤压出来。

当羊膜囊慢慢地收缩并一点点落下时，沃尔顿害怕起来，此时大象也痛苦地高举着象鼻。好几个动物园管理员围在它身旁安抚它。还有几百人正通过围场天花板上对准大象的实时直播相机在线观看这个画面。沃尔顿想，对于很多人，比如站在他身旁的这个孩子来说，此刻所发生的是一个奇迹，但对他自己来说这却是难以接受的。还有，他之所以不像他两个哥哥一样选择医学而选择学术的原因是：他喜欢那些内化于心，触及灵魂的东西。

接着，小象缩成一团从母象的身体内突然露了出来，象腿逐渐从羊膜囊内乳白色的气泡中分离，沃尔顿看着这个画面，敬畏之情油然而生。这种感觉很短暂，就在一刹那，就像浴缸喷水嘴一样，小象和羊膜囊从母象体内喷射了出来，溅落到地上。一股浓稠的血红色液体也跟着流了出来，沃尔顿立刻把目光转向了别处。这时候，那个年轻人拍着他的背说：

“老兄，多壮观的场面啊！”

“那是什么，一定是胎盘吧？”

沃尔顿转头望着围墙里面，母象正在用它的长鼻子和前脚掌用力地推搡小象。这是小象在自己活动前最让人紧张的时刻。接着，只见它张开嘴巴发出了婴儿般的哭声。

“没错，”年轻人说，“你等着瞧，它很快就会努力地站起来。奇迹就要发生了……”

“胎盘，”沃尔顿重复着，“我们现在可以把它取过来吗？”

年轻人用难以置信的眼神看着他说：“你开玩笑吧？”

沃尔顿看着母象在小象周围走来走去，他注意到其他饲养员站远了一些，拍手称赞着刚才所看见的一切。尽管他们非常激动，却都和这对大象母子保持着适当的距离，不敢靠近半步。

“他们很清楚，我需要的是新鲜胎盘。”沃尔顿说。

早在几天前，沃尔顿听贾斯汀·奎恩第一次跟他说明这份工作时，他觉得这就是一个玩笑。取回大象胎盘并把它运送到波士顿这件事本身就已经很不可思议了，而奎恩和他的团队需要胎盘的原因则会让沃尔顿细细回味许多年。他研究了多年的大肠杆菌，而奎恩却用一头不同寻常的猛犸象在扮演上帝。

当然，这也可能是纯粹的幻想。沃尔顿只在波士顿的会议中心见过奎恩一次，当时召开的是一个合成生物学大会。在他看来，这个年轻人非常聪明，抱负远大，但他却没有取得博士学位。

会议结束后，他们去了奎恩在南波士顿熟悉的一家小酒吧里喝酒。他们在那里遇到了两个姑娘，一个金发碧眼，另一个时尚性感，她们已经看够了本地所谓的才子们，于是装作对能够流利地背出元素周期表的两位生物学家非常感兴趣。噢！如果奎恩那天晚上把猛犸象的故事说出来，他们可能就可以勾搭上这两位姑娘了，而不是两小时后只有他俩一起吃饭。

尽管如此，几天前奎恩打电话给沃尔顿提供这个奇怪的工作机会时，他还是没有拒绝。200美元加上往返波士顿的机票可不是一笔小数目，特别是上个月沃尔顿的信用卡已经被刷爆了，情况就更不同了。

“不管新鲜不新鲜，”那年轻人说，“我们暂时根本无法靠近胎盘。”

“为什么呢？我觉得亚洲象很温顺啊。”

“亚洲象通常是非常温顺的，甚至可以说它们很友善。但当它们分娩的时候，那就是另外一回事了，它们会变得极具攻击性。”

沃尔顿的眉头扬了扬，说：“连它们的胎盘也不能动吗？”

小孩耸了耸肩，表示完全赞同。

“你可以现在就过去骚扰那头大象，但我不能保证你能全身而退。”

沃尔顿有些害怕了，他问：“那么我们到底还要等多久？”

小孩指着那头母象说：“你去问它喽！”

唉！沃尔顿本可以找个可靠的工作养家糊口的。他的兄弟们都住在漂亮的大房子里，周末可以去打高尔夫球。而他却选择了做一名科学家。

沃尔顿手里拿着冷却器站在大象围栏边，就等着一个好时机去拿到胎盘。

八小时后，沃尔顿坐在奥黑尔国际机场的国内航班候机大厅的饮品吧里，朝着不远处一位非常漂亮的空姐挤眉弄眼。他已经送了两杯饮料给这位空姐了，现在她边喝着第二杯饮料，边打着电话。送第一杯饮料时，她朝着沃尔顿笑了笑，但随后似乎就忘记了他的存在。正当沃尔顿觉得自己又是自讨没趣的时候，那位空姐挂断了电话，喝完了第二杯饮料，坐到了他旁边的高脚凳上。

她做了自我介绍，叫玛蒂什么来着，不过那名字配她的美貌倒是非常贴切。沃尔顿开始对这位美丽的女孩介绍自己了，当然，他忘了自己已经身无分文，28 岁还住在廉价出租房里的窘境。正当他说得起劲的时候，这位空姐却注意到了沃尔顿脚旁的大塑料冰盒。

“这是你准备带上飞机的点心吗?”

“不是的。”

“那是什么?”

他本想随便编造点什么东西。因为他想起他的一个兄弟曾经在医学院做过器官移植手术。他想谎称这里面装着的是要被移植的心脏或肺，这样这位空姐就会对他另眼相看了。可最终他还是硬着头皮说出了事实。

“这是大象胎盘。”他说。

她的眼睛都瞪圆了，他只是咧嘴笑了笑。

“以后我再告诉你我们要用这个做什么。”

20

干细胞移植受阻

TIME：2013 年 4 月

AD：马萨诸塞州，剑桥市，400 科技广场

经线传动有限责任公司

生物安全二级反向气流实验室三楼

无菌更衣室是你的起点。你脱掉身上的便服，把它们折叠起来，然后和外套还有鞋子并排放进衣柜。接着，你换上浅蓝色的束腰医护工作服，用塑料发套罩住头发，戴上乳胶手套，扎紧手腕，最后戴上严严实实的白色面罩。

穿过第一个气闸需要五分钟，然后你会进入反向气流室，十分钟内空气中的污染物会通过天花板和地板上的巨大通风口被过滤。然后你会进入第二个气闸。

最后，你会走进一个无菌而锃亮的实验室，水泥墙、仪器架、

光洁的地板——一切都是洁白的。试管、烧杯、量器和标本缸等试验用具整整齐齐地摆放着，好像走进了一个玻璃的世界。

你径直走向一个全新的、平行着墙面嵌装的不锈钢内衬生物安全柜，你坐在阻流罩下，面前是部分装着玻璃格的操作台。

橱柜里整齐地放满了培养皿，每一份组织培养中都含有一个活的亚洲象细胞，托盘中的培养基呈现出粉红色。

你要做的第一件事是表达 Cas 9 蛋白，那是 CRISPR 基因编辑技术的基础。然后需要给蛋白提供一段向导 RNA。Cas 9 蛋白将会促使向导 RNA 和特定长度的大象细胞 DNA 互补配对，就像创可贴紧紧贴在伤口上一样。把混合物放入琼脂糖凝胶电泳装置里，按下按钮，让混合物通过强电场，使细胞膜分离，促进 DNA 进入细胞内。然后，Cas 9 蛋白将继续产生作用，就像极其微小的分子剪刀，剪断尾端的碱基对，同时将全新的远古 DNA 移植入普通大象的 DNA 中。

奎恩靠在椅子上俯视着眼前的培养皿，他戴着手套，手指间轻轻地捏着一根细小的吸管，距离培养皿口很近。他此时满头大汗，额头上的汗珠直往下掉。这不仅是因为他在还没有得到上司授权的情况下，偷偷溜进了公司总部的实验室，更是因为无论他有多熟练，这都是一份既辛苦又困难重重，而且还令人焦虑的工作。嵌入 CRISPR 基因编辑技术处理过的蛋白后，需要两天的时间才能看到结果。但他确信，他们至少可以得到一个概念性验证：他们成功地将合成的猛犸象基因嵌入了一个普通的大象细胞。

然而奎恩也知道，所有辛苦付出最终都是徒劳的，因为他面前悬浮在粉红色培养基中的细胞并不是干细胞。虽然芝加哥的朋友确实为他们提供了新鲜的胎盘组织，但无论他们试验多少次，还是无法从这些物质中提取到有效的干细胞。

通过快速检索相关文献，奎恩发现他们并不是唯一失败的团队。事实是，截至目前，没有人能成功地生成或利用大象干细胞完成任何实验。老鼠、猪，甚至是人的干细胞都曾被用于基因工程实验，唯独大象的干细胞没有。

璐菡也提出过类似的观点。众所周知，大象不会得癌症。这一点研究者们至今无法解释其真正的原因。大象是一种非常庞大的动物，全身无数的细胞多年在体内快速分裂，出现未分裂或者基因突变等异常现象的概率很大，因此大象得癌症的可能性也就很大。然而，事实却是大象这种灰色的哺乳动物极少患上癌症。

璐菡觉得，正是这种使大象脱离癌症威胁的基因机制让大象的干细胞如此难以复制。不论具体原因是什么，无法得到大象干细胞无疑是他们研究过程中的拦路虎。如果最终想让猛犸象的遗传特征在一个不断成长的胚胎中得到体现，他们所需要的不仅仅是大象干细胞。同时，不论是来自于大象皮肤、血液，还是从胎盘中提取的，他们能够用来做实验的非干细胞也是十分有限的。从任何动物身上提取的活细胞在衰老或破损前，分裂的次数非常有限，染色体端粒也不能很好地保护遗传物质。这在人体细胞学领域被称为“海弗里克极限”（Hayflick Limit），即人类胎儿细胞可以分裂或复制的次数非常有限，大概40~60次，之后它们便停止分裂，开始衰老。大象的细胞也是如此。

相反的，“海弗里克极限”的适用范围却不包含人与动物的干细胞，它们可以无限次地进行分裂、复制。事实上，这是干细胞的两大特性之一：它们能够进行自我更新，因此处于不死状态；另外，干细胞属于全能性细胞，也就是说，它们能转化成各种形式的细胞，形成皮肤、头发和血红蛋白等。

没有干细胞就意味着复活猛犸象的专家们无法验证基因移植到底是否可行。同时，在那些显性特征得到任何呈现之前，细胞就已经死亡了。

然而，深夜独自待在丘奇早期在剑桥创办的实验室里，奎恩并没有感到气馁，相反，他显得异常兴奋。这不仅是因为奎恩把研究工作偷偷摸摸地带进了经线传动公司来做，更是因为

信息安全问题，尽管这听起来有点官僚作风。更离谱的是，现在这间实验室根本就不属于丘奇，这才让他的肾上腺素急速上升。

奎恩所进行的研究是真正最前沿的科学。要知道，移液管中的这段DNA已经在地球上消失了上千年。只要皮氏培养皿中的一个大象细胞发生一丁点变化，实验结果都会是生命科学研究领域里程碑式的成就。道理就是这样的，一次失败对于伟大的事业来说微不足道，毕竟，失败是科研成功的必经之路，无数次的失败才是推动科学发展的原动力。

他们在通往成功的路上不断跌倒，只要能把合成基因植入大象的细胞，他们就能彻底地站起来。

这还只是开始，因为失败的次数远远不够。

奎恩、鲍比和马戈心里都是喜忧参半，他们不断地问自己同样的问题：

“我们钻进了毫无出路的死胡同吗？”

“我们的出路到底在哪里呢？”

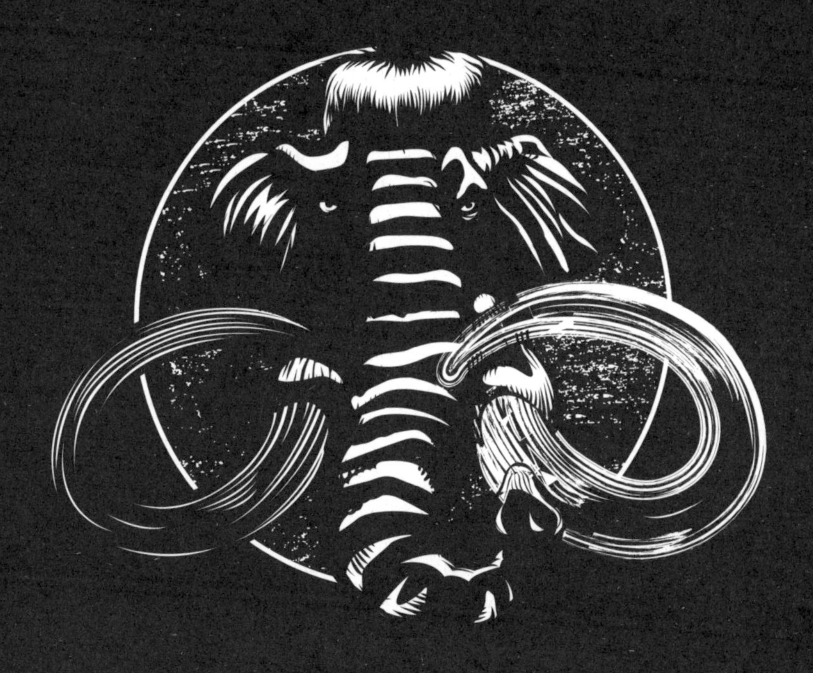

第四部分

科学家们对科学充满了信心。科学是一件益事，是一种信仰。我们对此并不确信，也许几百万年之后也无法确定。

——乔治·丘奇

你不能总把自己的想法藏在象牙塔里，你必须向世界展示它们。

——乔治·丘奇

人们觉得走在时代的前沿很伟大，但这实际上是一件十分痛苦的事情。

——乔治·丘奇

21

十秒倒计时

TIME：2013 年 5 月
AD：西伯利亚，萨哈共和国，
最高海拔达 9708 英尺（约 2959 米）的
穆斯哈亚山中部

北极圈以南 300 英里（约 482.8 公里）。

遗传学家吉明（Jy Minh）是位于韩国首尔郊区秀岩生物科技研究基金会的一位高级研究员。此刻，他压低了身子，蹲伏在一个天然冰洞侧面的一排沙袋后，双手紧紧捂着耳朵，等着第一波炸药起爆。无论他的准备工作做得多么充分，无论他对炸药放置点勘验得多么仔细，无论他对引爆装置检查得多么精心，他还是不由地对每一个可能出错的地方都复核了一遍。万一他计算错了炸药的强度或洞穴顶部的坚固程度怎么办？万一他放置炸药的位置出现了偏差或遗漏了某个对洞穴壁做的超声波检测数据呢？万一他稀里糊涂地把这儿完全炸飞了呢？

当然，他的担心是多余的。这支包括几十位韩国和俄罗斯科学家在内的科研团队已经为这一刻准备了好几个礼拜。他们的营地设在穆斯哈亚山半山腰的一小块空地上。过去的十几天里，从位于穆斯哈亚山中部的基地出发，吉明把通往冰洞的崎岖小径爬了好多遍，对计算结果一再进行检验，没有一刻松懈。这是执行计划最关键的时刻，全队已经准备就绪，吉明凌晨五点就到冰洞里，丝毫顾不上冻得逐渐麻木的手脚。

吉明对这里严寒的气候非常厌恶，他迫切地想回到舒适一点的营地去。那里有用牦牛皮罩着的帆布帐篷，尽管看上去有些破烂，但可比世界最北端山上的那个冰洞要暖和得多。看着洞口外灰蒙蒙的天空和厚厚的云层，吉明判断天就要黑了，该是他返回营地的时候了。气温可能会继续下降 5℃ ~10℃，那时候他就需要才入队不久的雅库特猎人的帮助才能慢慢地爬回营地。

吉明并不希望在黑暗中爬下山，但在冰洞中过一晚只会比这更糟糕。作为一名学术素养过硬的科学家和遗传学家，吉明自然是不相信鬼神之事的，但他还是忍不住会去想，如果这世上真的有鬼怪，那它们一定就住在眼前这块地方。

“十秒倒计时，”团队中的爆破专家高喊着，他躲在另一面沙袋墙的后面，比吉明离冰墙还近了几英尺，“我已经通报营地，队长准许下一步行动，倒计时开始!”

“十、九、八。”

吉明把身子趴得更低了，他的脸都快贴到冰洞里坚硬的青蓝色地面了。这个地方虽然寒冷，但却美得出奇。吉明还能想起他第一次爬上山时，就被这里美丽的自然景观所震撼。他目瞪口呆地看着这透亮的墙壁、地面，还有近6米高的拱形洞壁。除了冰洞一角凸起的石笋和雪崩后留下的碎岩挡住了洞口的部分视线，整个冰洞显得原始、寂静而永恒，似乎定格在几万年的时间长河中。它是一个近乎完美的时光储存机，就等着吉明的团队进入洞口探索它的奥秘。

穆斯哈亚山半山腰的这个冰洞本不是吉明和他的团队探险的首选。把科研器械从崎岖的山路上往营地来回搬运就是个巨大的难题，更不用说用全地域越野车将他们的实验样本运到乔普雷克柳齐机场，并送往首尔的过程，那更是难上加难的事情。一开始，他们的计划是简单易行的，而且效果明显。在俄罗斯士兵的帮助下，他们乘船顺着亚纳河下游，用大型消防水管沿着河岸在冰崖上冲开了一个个洞穴。在这个过程中，他们有了一些惊人的发现，为基金会的实验室收集了许多难得的实验样本。吉明对从用水管冲开的洞穴中得到的样本感到非常满意，直到他从帮助他们在亚纳河开展工作的雇用者雅库特猎人口中得知了另外一个事实：天然洞穴中还会有些保存完好的样本，这些样本比他们从用水管冲开的洞穴里得到的样本要好很多。

爬上穆斯哈亚山的第一天，吉明就知道雅库特人说的是事实。刚走进天然冰洞，他就发现了第一个样本：两只冷冻的幼狮尸体，埋藏在透亮的淡蓝色冰层下几英尺，保存得几乎完整无缺。12000 多年了，从未有人触摸过它们，对它们有过任何毁坏，让人感觉它们似乎随时都可能从地下一跃而起。吉明兴奋极了，不过他还是压抑住了内心的狂喜，拿出了便携式超声波仪器，开始对洞穴内的地面和墙壁进行探测。他希望能找到其他可能存在的样本，从而有更大的发现。

“七、六、五。”

吉明不由地浑身颤抖，他忍不住想要站起身来去沙袋上方再检查一遍炸药是否安置妥当。其实，他看都不用看就能把那些炸药都标识出来，它们就放在贴着冰洞后壁的一个小环形槽内，紧挨着地面。这些炸药的威力足够将冰块炸出一个恰好九英尺深的圆锥形洞穴。

“四、三、二。”

吉明来到北极，或者说他的团队在亚纳河沿岸来来回回进行冰洞爆破工作的目的并不是为了得到这些远古时代的狮子幼崽样本。当然，这些幼崽是一个意外发现——它们已经被送到基金会的实验室了，科学家们已经开始着手获取灭绝动物保存良好的细胞了。但是，吉明远在首尔的上司心里想的可不仅仅是复原灭绝物种那么简单。

作为基金会的高级遗传学家，在过去五年里，吉明比大多数人都清楚，从十多年前那起令基金会几近倒闭的严重丑闻后，基金会的克隆技术取得了多大的进步。秀岩生物科技研究基金会最广为人知的业务就是克隆狗，固定客户大都是美国的富人，他们愿意支付每笔高达十万美元的费用给克隆工厂。在这里，专业人员采用克隆技术将提取的皮肤样本转变为可用的犬类胚胎，从而让顾客心爱的宠物重获生命。但是，出于利他主义的动机，基金会进一步提高了他们的克隆技术水平，它们开始克隆许多大型哺乳动物，包括某一天能有助于治愈糖尿病的猪群，还有能解决世界饥饿问题的牛群。然而，无论基金会在克隆技术上取得怎样的进步，哪怕是引领世界——它都无法抹去十多年前的污点。

吉明仍然记得报纸上铺天盖地的那些照片。基金会的创始人黄禹锡（Hwang Woo Suk）被首尔国立大学撤销教授头衔几天后，政府部门就搜查了他的实验室，撤销了他的一切奖励和荣誉。就在几年前，黄禹锡发表在《自然》杂志上的两篇论文让他在国际上声名鹊起。在论文中，他宣布已经克隆出了第一个人类胚胎，正在培养用于治疗疾病和为移植手术培养器官等各种用途的胚胎干细胞株。但这个消息发布不久，关于黄禹锡的流言就不断出现，传言说他是利用自己研究生捐献的卵细胞才获得了该项成就——事实上，他私下已经让不止一名学生为他的实验提供卵细胞了——这引发了有关捐献自愿性的一系列伦理问题。更糟糕的是,他那两篇论文中的大部分数据都是伪造的。他不只是编造数据这么简单，调查结果显示黄禹锡的团队根本就没有成功地克隆过人体细胞。

黄禹锡面临牢狱之灾，照片中的他瘫卧在医院的病床上，不修边幅，形容枯槁，精神涣散到了极点。这一事件被认定为科学史上最重大的欺诈案之一。

无论如何，现今秀岩生物科技研究基金会没有完全垮掉，它从黄禹锡造成的困境中逐渐走了出来，并在原有的克隆技术基础上继续开展相关研究。黄禹锡本人仍然是基金会的掌舵人，他深居简出，拒绝接受任何采访，全心全意地开展着自己的研究，希望借此在科学界重振声望。吉明觉得，秀岩生物科技研究基金会站在商业克隆的最前沿，它推动着科学从实验室扩展到日常生活中，多莉羊就是一个尝试。秀岩的克隆犬技术就是一个真实的例子，这个项目盈利颇丰，在吉明心中，它就是一个伟大的科学实践。

一个曾经声名大噪的科学家，一个走在创新科技最前沿的科研团队，奋力想要重拾声望——正是这样的契机令吉明取得了现在的成就。他匍匐在沙袋后方，紧贴着坚硬的冰面，等待着这次爆破能制造一起轰动性的大事件，并借此抹去科学史上那次巨大的丑闻。

“一。”

空中闪过一道炽热的白光，吉明不由地闭上了双眼。紧接着巨大的响声轰然而至—— 一阵剧烈的爆破声就像一条巨大的皮鞭从耳边劈过。气浪险些把吉明掀翻，他稳了稳身形，从沙袋后面站了起来。

爆破技术员很快冲向前，从这个精密的冰洞里炸出的几小堆冰碴和碎石旁边挤过去，接着他们戴上了手套，小心地清理着洞里留下的一些残渣。随后，他退到了后面，好让吉明清清楚楚地查看冰洞里面的情形。

刚走到冰洞口，吉明就能看到冰冻深处有一团厚厚的红色毛发，这让他激动不已，心跳加速，他在超声波图像中看到的情况得到了证实。从之前获得的史前冰冻幼狮尸体的保存状况来判断，这个样本也极有可能保存得非常完好。这个天然冰洞简直是个“时光机”，是他们得到实验所需样本的最理想的环境。

大多数遗传学家根本不相信尸体被埋在北极地下，也不相信经过了数万年辐射，还会有任何一个史前生物细胞能够存活下来。吉明面前这个样本细胞的遗传物质可能已经严重腐败，根本无法应用到任何一项克隆实验中。但是黄禹锡和基金会里其他的研究员们仍然坚信会有其他方式可以克隆已灭绝物种。

事实上，未被破坏的细胞对他们来说并不是实验所必须用到的，一个完整的细胞核就够了，它更容易在保存完好的样本中获取。

吉明从沙袋后面起身向洞口走去，越来越靠近那一堆红色的毛发了，他激动地双腿直打战。眼前的动物样本保存得几乎完好无缺。从大小来看，这是一头猛犸象幼崽，它像胎儿一样蜷缩着，粗壮的四肢盘在身体下面，头的一部分还被冰层包裹着。

用单个细胞核作为起点克隆出整头猛犸象，这一定会是一项伟大的科研成就。如果他们能够及早使其变为现实——尤其是领先于目前已经熟练掌握了 CRISPR 基因编辑技术的美国人和其他研究团体——秀岩生物科技研究基金会就可以打一个漂亮的翻身仗了。因为，黄禹锡和他的团队不仅是想复活世界上最受瞩目的生物之一，他们还想借此机会弥补之前的过失，进而重振基金会的声誉。

22

彼得 · 蒂尔的资助

TIME：2013 年晚春
AD：太平洋西北部，不列颠哥伦比亚省，
一个平静的冰川湖面上方
200 英尺（约 60.96 米）

一架德 · 哈维兰 DH-6 型“水獭号”水上飞机掠过蔚蓝色的湖面，飞向仅 200 码（约 182.88 米）外的那座木板码头，那是这次飞行的目的地。飞机的两个浮筒距离水面很近，螺旋桨呼啸着在水面上激起了薄薄的水雾。豪华的飞机座舱内，璐菡紧紧地抓着她坐着的软席座椅。12 小时前，她还在波士顿的公寓里，而现在，窗外的风景就像是从明信片上撕下来的一样，飞机内放置着真皮家具、樱桃木嵌板的门，就连门把手都是水晶的，就算把它们放到四季酒店的总统套房里都显得再适宜不过。坐在她旁边的是一位核物理学家，她身后的两个年轻人都是硅谷的亿万富翁，而等到了他们要去的那个私人度假所，她还会见到更多诸如此类的人。

飞机遇到了一团强气流，猛然开始上下颠簸，璐菡紧紧地抓着座椅，手指都变白了。她不怕坐飞机，也不怕水，不过，把这两样东西放在一起就显然有些离谱。但话说回来，这次行程本身就非常离谱。

丘奇博士给了璐菡这次机会，让她作为实验室代表参加这个久负盛名、独一无二的年度私人聚会。得到通知时，璐菡高兴得都要跳起来了。要知道，这可不是一般的会议，它聚集了众多科技相关行业的科学家、商人、卓越思想家，他们都是行业翘楚，多么难得的机会啊！

这次行程的首段是乘坐一架豪华私人飞机从波士顿飞到旧金山，这架飞机不是来自于洛根国际机场，而是从距离波士顿以北 30 分钟航程的一个关卡重重的私人机场飞过来的。没有空管部门的管理人员，没有行李安检——只有一个彬彬有礼的美女在她登上那架子弹形银色飞机时看了看她的护照，造型优美的飞机内部装饰着高级的实木家具。

飞机起飞了，几乎是从跑道上垂直上升，飞机加速产生的强大推力让璐菡的背部紧贴着柔软的躺椅，她差点把杯中的香槟弄洒了。飞机上有安全带灯和一名随行空姐，但不会做那些常规的开合托盘桌或关闭电子设备的通知。整个飞行过程中璐菡都在使用手机，她还发送了许多信息给鲍比和其他团队成员，弄得大家都觉得她可能精神失常了。

几小时后，飞机又几乎垂直地下降了，她着陆了。直到登上“水獭号”的时候，她还是觉得自己好像过的是别人的生活，一切太不真实了。生物学家们可没有什么机会在不列颠哥伦比亚省的冰川湖面上乘着奢华的水上飞机旅行。

璐菡正想问问身旁的物理学家有什么感受时，“哗”的一声巨响，打断了她的遐想。窗外激起了巨大的水柱，她被震得往前倾了倾。飞机慢了下来，逐渐变成了在湖面上轻轻摆动，离码头还有一段距离。驾驶舱的门打开了，制服笔挺的副驾驶员和乘务员笑容可掬地准备送所有的乘客下飞机。

往窗外望去，一辆越野车已经启动了，随时准备出发。

“欢迎来到加拿大，”司机笑得很亲切，“我们这就去码头，请您系好安全带，非常感谢。”

第二天早上九点，璐菡起床已经四个多小时了，她大部分时间都在户外的小树林里散步，呼吸着这里含氧量极高的纯净空气，真是让人心旷神怡。她穿过红杉林一路走到了悬崖壁下；她乘着一艘精致的小帆船畅游了大半个湖面；她坐在一个观景台上，享用着意大利咖啡和昂贵的法国点心，用高倍望远镜观察着附近小溪里的一只熊正在抓鱼。

璐菡已经完全陶醉在这里的一切中了，她几乎忘了在实验室里所承受的挫折感，忘了在培养大象干细胞过程中所遇到的种种困难。对璐菡来说，相对于挫折，失败更是她不能接受的事实，毕竟她已经在很多方面的工作中取得了实质性进展。赖希实验室提供的猛犸象基因测序结果非常准确，完全符合璐菡的实验要求。同时，她在其中辨认并匹配猛犸象的四大显性特征：耳朵、皮下脂肪、血红蛋白和毛发基因的过程也很顺利。她还发现了许多其他希望植入大象细胞中的特征，主要是有关长毛、成长速度，以及在严寒气候中可以正常活动的特征。实践证明，CRISPR 基因编辑技术非常适合这项工作，奎恩已经证实了他们所培养出的合成基因确实可以被切割成普通大象细胞中的DNA。但现实是，他们目前没有大象干细胞可用于进一步实验，研究进程只能到此中止。如果没有可分化的干细胞，即使他们可以将猛犸象的 DNA 植入大象体内，也并不能产生猛犸象的特征。他们需要的是大象干细胞，只有这样才能使普通大象变成猛犸象。

不过，能看到熊在天然栖息地活动是很难得的，尽管这只熊不像传说中的龙那样让她着迷。

当她进入这个五星级度假胜地的西式主题餐厅时，璐菡不由地又开始惦念自己的猛犸象研究了。如果他们知道如何解决干细胞缺乏的问题，或者设法从已经植入的基因中培养出猛犸象的特征，那会怎样呢？这些问题就是在“复活者”的第一次聚会上，他们所需要解决的主要问题，但为了完成丘奇设定的任务，他们必须要做长远的打算。他们必须把这些干细胞放到受精卵中，然后把它放进大象的子宫里。猛犸象的“复活者”团队可以花数年时间用 CRISPR 基因编辑技术把基因植入细胞中，但这并不能为它们创造一头小猛犸象。

从目前的研究阶段到丘奇的终极目标——在北极创造一个更新世公园，他们需要的是一个受精卵和一个合适的子宫。然后他们需要一个地方照顾怀孕的大象，幸运的话，大象就会生下一头猛犸象宝宝。

璐菡使劲甩了甩头发来停止自己的遐想，好让自己能专心地享用午餐。走过餐厅时，墙上的餐车轮子和用铜钩子挂在天花板上的一对猎枪使她想起了鲍比所说的话，将科幻变为现实的唯一方法——剔除问题的所有虚构因素。在飞往旧金山的航班上，她用了一段时间翻阅了最近出现在 iPad 上的相关新闻，内容是关于被她的团队戏称为“竞争对手”的韩国基金会，该基金会刚刚发出公告，他们要从北极冰层中获取冷冻材料，然后借此克隆出猛犸象。显然，他们与俄罗斯的某所大学，或者是俄罗斯政府合作，试图找到某种保存得很好的遗传物质来实现克隆技术。

和她的导师一样，璐菡怀疑他们是否会成功。她无法想象他们能在几千年前的有机材料中找到任何有用的 DNA。丑闻缠身的黄博士被动地发出了这样一个伟大的公告。但是，不管一头猛犸象从冰里出来时有多完好，它的细胞和 DNA 也很有可能被毁坏而无法使用。

正如丘奇反复告诫实验室研究员的那样，在科学发展的过程中，没有什么东西可以被彻底抹掉，也没有什么是不可能的。不管吉明的动机是正常的还是为了利益，不管是出于私心还是别的什么原因，这都有可能会引发令人敬畏的成就。

璐菡走到了一张长桌旁，她选择了中间位置。坐在她旁边的是一个深蓝色眼睛的年轻人，他留着棕色的短头发，穿着白色的纽扣衬衫，敞开着。璐菡注意到，在随后的几分钟内，有五六个人走到这个年轻人面前，热情地与他握手并主动地和他交谈，显然他是个重要人物。但要是他不做自我介绍，璐菡还不知道她正与世界上最富有的人之一——彼得·蒂尔（Peter Thiel）坐在一起。

正是彼得·蒂尔所掌管的风险投资基金 Founders Fund（创

始人基金）在这个加拿大度假胜地组织了本次年会。很长一段时间里，无论是慈善性的还是营利性的投资，这位神秘的亿万富翁在遗传学及医药学领域都有很大的金融影响力。今天能被邀请至此的企业家和科学家仅是在研究领域受到他青睐的少部分人。

蒂尔的第一桶金是投资 PayPal（贝宝线上支付平台）和 Facebook（脸书）时赚取的数十亿美元，然后他就开创了自己的投资公司，他的投资焦点和绝大多数投资者完全不同，都是其他投资者连想都不会去想的科学项目。他在核研究方面投放了大量资金，特别是实验性核聚变以及其他形式的清洁能源；他也投资一些以节制及负责的态度开发的人工智能项目；他支持研究科技和生物之间被称为“奇点”的交叉领域，一旦有所突破，计算机技术有可能发展到可以将人类“下载”到硬盘上，从而实现某种意义上的不朽。他也会将资金投入到政治和社会工程中——去资助那些与他保守的自由主义观点一致的运动及颇具争议的社会活动及政治候选人。他曾创立了一项奖励基金，鼓励了一些 20 岁以下的杰出实干家辍学并追求自己的梦想，他和这些年轻人都认为学校教育并不是每个人的必由之路。

或许他对璐菌研究领域的巨大热情来自于一点：延长寿命。只要能逆衰老化甚至使人不死，无论科学给它安上一个什么名头，蒂尔对此都非常感兴趣并愿意提供资助。

璐菡此前从未遇到过亿万富翁，从关于蒂尔的资料来判断，她曾以为这是一个傲慢而令人生畏的家伙。但璐菡很快发现他非常谦逊，有亲和力，他精通遗传学和保健科学。他坚定不移的信念是很有感染力的，他主张科学和投资的结合能推动人类变革，如出现真正的清洁能源和大幅度延长人类寿命。了解到这些，璐菡想都没想就把自己对科学工程学的观点对蒂尔讲了出来。

她说，“我认为人类在大自然面前常常显得很愚蠢”，她觉得自己的英语表达能力还不足以完全反映自己的想法。“比如说，并不是我们发明了 CRISPR 基因编辑技术，它是大自然发明的，这是细菌抵御病毒入侵时自然而然的一种方法。CRISPR 基因编辑技术就是这样的，一种我们已经借用并转化为基因工程方面实用工具的自然防御机制。在 CRISPR 基因编辑技术开创之前，我们编码 DNA 的过程非常烦琐和耗时，这样，大自然就给了我们一个解决问题的简洁方案。”

蒂尔的身后已经聚集了一行人，还有人想插进来，但他们并没有打断璐菡，所以她继续往下说，“你想知道我们如何利用科学来延长生命吗？答案就是：我们并不需要从零开始，我们只需要走进自然。”

说着，她的思绪又回到了丘奇实验室里，她盯着培养皿，那里面是从大象胎盘中采集的细胞。

“大象为什么不会得癌症？我们并不是很清楚，但我们所知道的是，这可能与大象的遗传密码子有着某种深层次的关系。它的遗传物质中有某种特殊机制能使细胞在如此大的数量和生物量的状况下长时间不产生错误。现在，我们正在研究的项目遇到了一个难题，上述的机制可能使我们很难培养出大象的干细胞，但我们需要它。我相信，总有一天，我们能够发现这些让大象遗传物质免于出错的原因。我们可能会发现能使大象免于癌症威胁的自然秘密，然后就可以把这个秘密应用到人类自己的细胞中。”

说着说着，璐菡有点难为情了，她感到双颊有点发热。因为，不仅蒂尔在专心地听她说话，餐桌上的其他客人也安静了下来，安静地聆听着。

“同样的原理也适用于对抗人类的衰老过程。我们并没有创造什么秘诀——我们只是从大自然中找到方法。”

这时，蒂尔开始迫不及待地想了解有关项目的进展，以及其他更多信息了，她意识到自己的目的快要达到了。璐菡把关于获取大象干细胞时所遭遇的困难在脑海中重新整理了一遍。她谈论的事情不仅迎合了蒂尔的投资热情，符合他延长人类生命的最终目标，它同样适用于“复活者”。

他们探寻的答案已经有了，从根本上说，这个答案就在大象的细胞里。

蒂尔认真听完璐菡详细介绍复活猛犸象这个科学研究项目，他先向璐菡表示了祝贺，然后才和其他客人开始交谈。2015 年 5 月，蒂尔已经投资了十万美元用以资助猛犸象复活项目。加之复活与还原公司所提供的资金，丘奇可自由支配的资金量已经相当可观。蒂尔雄厚的财力，以及他们共同的利益，这些都将推动实验取得突破，得到进一步发展。

璐菡感到一种由内而外的兴奋，但并不是因为此次参会使她找寻到了丰厚的资助。没有钱，大量的科学实验根本无法完成。但是单纯依靠金钱，像彼得·蒂尔这样的人并不能长生不老；单纯依靠金钱，猛犸象也无法复活。

对着蒂尔说完这些话后，璐菡似乎恍然大悟，她内心的困惑也烟消云散。答案不是金钱，是自然。

23

细胞会衰老

TIME：2013 年晚春

AD：路易 · 巴斯德大街 77 号

凌晨 3:10，璐菡像往常一样火急火燎地冲进实验室，鲍比睡眼惺忪，一副昏昏欲睡的样子。璐菡进门时既没有和鲍比打招呼，也没有同他聊聊这次乘坐私人飞机去不列颠哥伦比亚的旅程和漫长的返程。璐菡催促鲍比起床并赶到实验室和她见面。璐菡似乎并没有注意到他已经在实验室，鲍比这么早被叫醒，感觉糟糕透顶。璐菡径直走向实验室后面那些架在带罩储物柜中间的铁架，开始在一堆旧科学期刊和书籍里疯狂地翻找。她一本本翻扯着这些杂志的封面，双手像在疯狂地弹拨吉他。

“飞机上的电影好看吗?”鲍比想找个话题打破沉默，但璐菡此刻似乎不想闲聊。

“马戈和奎恩在哪儿?”璐菡问道。

鲍比有些无奈地说：“他们很聪明，知道在晚上12点后把手机调成静音。可我就不一样了，妻子每周都要在急诊室值一次夜班，这意味着我不可能把手机调成静音。”

璐菡说：“没关系，早晨我们会让他们迅速赶来的。”

“严格地说，现在就是早上啊。”

“鲍比，衰老是什么?我们为什么会变老?”

璐菡仍然俯身在杂志堆里翻找着。鲍比盯着她，没弄明白璐菡这前言不搭后语的问题是什么意思。和璐菡待在一起，没有什么事情是真正没来由的。她可以在一件事情被打断几小时、几天，甚至是几周时间后仍继续思考之前的问题或者继续讨论之前聊过的话题，不管其间有过多大干扰。

“嗯，这个问题不好回答。但某种程度上讲，我们变老是因为在细胞繁衍过程中，其赖以存活的某种生理机能开始衰弱。”

鲍比已经把问题讲得非常简单了，但他想璐菡一定是爱思考问题的某个关键环节。事实上，关于衰老的定义以及人和动物变老的原因有很多，鲍比对造成基因突变和细胞凋亡的原因和过程思考了很多。

“这是自然的吗？我是说，衰老是一个自然而然的过程吗？”璐菡问。

鲍比耸了耸肩，表示这不好下结论。

“我将它看成类似癌症或者某种其他疾病。它在自然的过程中产生，但细胞分裂的过程中的确会有逐渐衰弱的现象。我相信我们可以像治疗其他疾病一样治愈衰老，所以从这个意义上来说，答案是否定的，衰老不是自然而然发生的。”

璐菡点了点头。自从上次和鲍比谈论过此事后，她就一直期待着鲍比的答复。接着璐菡突然直起了腰，手里拿着一本从书堆中找出的杂志。

“就像细胞会衰老一样，大象细胞终将衰老凋亡，这就是我们不能使用普通体细胞，而是要用大象干细胞的原因。我们需要可以无限次分裂的细胞，就像永恒的自然界一样。”璐菡说。

鲍比补充说：“我们需要干细胞，还因为它们可以转化为生物体内的其他细胞。”

说到这里，璐菡插话了。

“好，我们一个问题一个问题来解决。摆在我们眼前的第一件事就是让细胞停止衰老，从而不会凋亡，我们需要治愈它们。

最终，我们可以用同样的方法像治愈疾病一样治愈衰老。”

“你这是想让大象细胞永远不凋亡?”鲍比问。

为了更好地研究细胞系，让细胞“永生”这项技术被广泛地运用于生物化学领域。从本质上讲，通过给细胞中添加包含可以逆转其退化进程基因的病毒就可以让细胞得到永生。另外一个更大的问题是，我们可以通过添加一段遗传物质编码子来减缓起保护作用的染色体终端的衰弱过程，使其存活更长时间。

“这是可以实现的，”鲍比继续说，“我们得在完成移植之前移除附加基因，否则细胞就不能被正确表达或者生成肿瘤。但这样还是无法解决我们面临的第二个问题。或许我们可以让所做的工作显性化——让基因以某种特征（比如红色毛发和正在运转的血红蛋白）来表达自己，但如果没有干细胞，这些大象基因对我们就没有任何意义。”

给染色体终端添加上永生的细胞，并不能产生永久的活力。同时，这也并不能使整个机体不死。这些细胞可能会不停地分裂和复制，但这一切都是在一个单细胞系里进行的。比如，永远存活的单个皮肤细胞，从不停止生长的单个毛囊。同时，这个让细胞不死的行为会影响其生物性能，其基因突变和受污染的可能性就增大了不少。

“这就是我们需要做进一步研究的原因。”璐菡边说边把手里的期刊封面拿给鲍比看。

鲍比认出来了，这是2007年11月刊发的《细胞》（*Cell*）杂志。他立刻明白璐菡是为了哪篇文章才把自己这么早从沉睡中叫醒了。

《特定因子下成人纤维母细胞中的诱导多功能干细胞》（*Induction of Pluripotent Stem Cells from Adult Human Fibroblasts by Defined Factors*）。虽然这个标题听起来有些复杂，但鲍比还是记得非常清楚。半年前，京都大学的生物学家山中伸弥（Shinya Yamanaka）教授因为这个著作而获得了2012年的诺贝尔生理学或医学奖。

"早前，从2005年起，山中伸弥教授和他的团队就开始在皮肤细胞上做实验了，这导致它们感染了携带特定DNA分子链的RNA病毒。"璐菡说。

璐菡翻到了杂志的相关页面时，鲍比说："基因工程，预备CRISPR基因编辑技术。"

"对。后来，他有了惊人的发现——如果基因能正确结合，那么就有可能将皮肤细胞转化成一种诱导多功能干细胞（iPSC）。"

"一种诱导多功能干细胞。"

现在，鲍比已经完全明白了这篇文章的含义，他变得睡意全无，异常兴奋。

“他制造出了干细胞。”鲍比说。

“这正是我们想要完成的事。山中伸弥教授将它缩小到了四种基因，它们需要被添加进皮肤细胞来制造干细胞。经过一系列实验和不断修订，他证明，将正确组合的 DNA 植入细胞可能会永久性改变它们的自然属性。”璐菡回答。

“这四个基因就是山中因子——Oct4，Sox2，cMyc 和 Klf4。”

“这个过程特别简单，”璐菡边翻书边继续说，“我们把大象细胞隔离开来，使它永生，并用 CRISPR 基因编辑技术嵌入这四个基因，培养这些细胞，之后把能变成干细胞的取出来，开始生成菌落。”

鲍比吹了声口哨表示惊讶。这听起来并不容易，但它是所有“复活者”应该逐步具备的技能。

“我们再添加合成的猛犸象基因，之后，准备工作就算做好了。”鲍比说。

准备好了。以这种方式看它会很可笑，因为他们那时只有一个带着猛犸象性能的干细胞。他们也没有得到猛犸象。

鲍比最近和某个研究人员交谈，并把猛犸象复活计划告诉了那人，之后那人问了一个问题，“那么，你的猛犸象以后住在哪呢？”

“培养皿里。”他回答道。

璐菡浏览完了整本期刊，她对猛犸象复活项目的认识逐渐加深了。

当然，如果这个可行，他们就需要更多细胞 。

“我们以后需要大量细胞。最终，如果这个实验成功了，我们就需要找个地方把它们放进去，而不是培养皿。”鲍比说。

璐菡终于抬起了头。

“我们需要的是更多的大象。”她说道。

24

管理超级群体

TIME：2013 年夏天

AD：波克市，位于佛罗里达州中部，

奥兰多以西 40 英里处（约 64.37 公里）

午后三点钟，太阳直直地照射在一片占地约 200 英亩（约 1214 亩）的单层综合建筑上，这些建筑的外形非常像营房，里面有专为大象设计的大型喂食槽，泥土地板的运动馆，防止大象走散的路障通道，还有一座色彩暗淡的塔。

“好吧！”丘奇对着布兰德从牙缝里挤出几个字，“我准备好了。”

布兰德就站在丘奇身后，消瘦的脸上表情有点怪异。丘奇这位全民偶像穿着他常穿的那套狩猎服——一顶宽檐帽，一件到处是口袋的褐色衬衫，下搭一条磨损得有点旧的裤子，一对配有刀鞘的猎刀挂在他的皮带上，这身打扮和当时与布兰德在佩特卢马鸟类保护区相遇时一模一样。但此时，他伸开的手里拿着的并不是猎刀，而是一根电牛棒，60 厘米长，主要是塑料材质的。电牛棒的一端露出了两根令人胆寒的金属电极，现在，这两根金属电极距离丘奇的左大腿不到 10 厘米远。

“你确定要这么做吗？”布兰德问。

丘奇攥着双拳，紧闭着眼睛，弓着腰前倾着身体，摆出一副任由宰割的样子。他穿着牛仔裤和 T 恤，想看上去显得轻松一些，但他发现这根本不管用。

“献身科学，不畏艰难！”丘奇说。

“我佩服你！”布兰德说，他调皮地眨了眨眼睛。

电牛棒触碰到丘奇身体的瞬间，一阵剧烈的疼痛迅速从他的大腿传到了脊背上，电流瞬间传遍了他的全身，直达每一根须发。他大口喘着气，强忍着没有喊出来。接着，疼痛感瞬间消失了，就像它发生时一样快。

丘奇挺直身板，用一只手摸着他卷曲的头发。

“没我想的那么可怕，”他说，“你也试试？”

布兰德看了看费伦，她正站在一扇高大的铁门前和一个手中拿着笔记板的男士交谈。费伦也看了看他们,布兰德对丘奇说:"我才不会上你的当呢!"

丘奇笑了,他揉了揉大腿。单纯为证明某个理论就用电牛棒电击自己,听起来很离谱,但丘奇做过的比这更离谱的事情还有很多。有一次,为了向同事们展示人们进入"管道视野"的真实反应,他曾经戴着眼罩在实验室里来来去去地活动了好几天。1973 年,他已是一名纯素食主义者,仅靠在实验室里合成的食物维持了很长时间。他这样做只是想看看自己是否能做到。

现在,他的工作将和大象有关,他觉得体验一下被这种颇受争议的电牛棒电击的感觉是非常有意义的,毕竟这是许多大象饲养员用以训练和控制这些巨兽的"撒手锏"。尽管被电击很痛苦,丘奇觉得这并不是虐待动物的行为。据他了解,是有一些大象训练员可能——而且确实做了——把电压调高,而且远远超过他刚才体验的电压,但话说回来,他毕竟和大象的承受力不同。此刻,他觉得自己完全体会了大象受到电击时的感受。

林林兄弟马戏团和巴纳姆-贝利马戏团在几个星期前首先联系了丘奇,邀请他去奥兰多郊外的大象保护中心。此时,丘奇感到既惊讶又激动。很显然,这个号称"地球上最伟大的节目"的制作人一定读过他做过的某次关于复活计划的访谈录,而且,他应该立刻被这个计划吸引了。

时机真是再好不过了。璐菡、鲍比和团队中的其他成员已经完成了使细胞永生的实验并合成了干细胞，这意味着他们到了迫切需要一个得力合作伙伴的时候，这个伙伴必须能够接触大量的亚洲象。与此同时，马戏团最近也遇到了一件与其核心吸引力有关的事情。随着禁止将大象用于商业和娱乐目的的运动愈演愈烈，马戏团最近决定清退所有参与表演的大象。

听到马戏团的决定，丘奇的心情五味杂陈。小时候，他经常看到的动物只有蛇和海星，大型动物只能在流动马戏团中看到。他总是相信人们之所以愿意爱护和保护动物就是由于小时候在各自的家乡也看过这样的马戏团表演，见过那些大型动物，因此倍感珍惜。但是现在公众对马戏团的看法发生了变化，即使训练并照顾大型野生动物们的专业人员大多都很善良，还努力地为它们谋福利，人们还是觉得让它们在马戏团里表演是残忍的。不过，林林兄弟马戏团要清退大象，这事对马戏团是损失，对“复活者”团队却是莫大的好事。

布兰德和费伦曾想和丘奇一起去佛罗里达。正如布兰德说的那样，他想摸摸大象，体验和它们待在一起的感觉，然后想象着它们有一天会变成毛茸茸的猛犸象。他们三人来到这个占地 200 英亩（约 1214 亩）的大院，这里生活着近 40 头被马戏团清退的亚洲象，是这个种群在整个大陆上最大的群体。

和其他保护所相比，这里的面积实际上很小。丘奇知道至少两处占地达数千英亩的保护所，但是亚洲象群不需要和非洲象一样宽阔的空间。它们是亚洲丛林中土生土长的物种，而不是非洲平原，它们更喜欢面积较小的生活空间。

丘奇、布兰德和费伦看到这些庞然大物被圈养不由得感到心酸。养大象和在草场上牧马是不一样的，它们体形硕大，是必须提供安全保护的大型野生动物，养护大象需要大量的硬件设施。马戏团雇用的驯兽人已经和大象一起工作了几十年，并且和它们建立了亲密的关系。每头大象都是独一无二的。但是，要管理一个庞大的群体——实际上是一个超级群体——这需要缜密计划和科学管理。

丘奇、布兰德和费伦花了好几个小时把保护区内控制大型动物随意走动的许多栅栏和关卡都走了一遍，从大量篱笆和围栏到设计精巧的障碍物。封闭区留有大小适中的出口，以便人们在受到大象威胁时顺利逃出，同时也可以阻挡狂奔的大象。他们仔细地查看了摄像机，锁上了门，封闭了投食区。最后，当大象不愿意纠正或改变在这样的封闭环境中极其危险的自然行为时，驯兽者就会使用铁钩子和电击棒。

乍一看，丘奇并没有觉得这些电牛棒特别残忍，尤其是他了解到世界各地的农场都使用着类似的设备。于是，他就想着自己亲身体验一下。驯兽师们以为他是想要电击一头大象，但布兰德明白了他的意图，并且欣然申请了志愿体验电击的活动。

大象们还在表演的时候，丘奇抓住机会调查了运送大象时所用的火车。车厢虽然很小，也不豪华，但却很舒服。人们已经尽最大的努力让大象感到快乐。

保护区里有一个完整的大象户外栖息地，有倾斜的山丘和开阔的山脉，精心设计的障碍训练场，甚至还有一个按摩和伸展运动中心。这一切都是为了让这种食草动物身心健康。

饲养员告诉丘奇，保护中心照顾每头大象每年的费用超过了七万美元。布兰德并没有对这种注重细节乃至养护大象费用不菲的做法感到惊讶。他遇到的每一个接触过大象的人都深深地热爱大象，尤其是亚洲象，它们聪明、讨人喜欢、温顺可人。正如保护中心的一位兽医所描述的那样，当你惊动一头非洲象时，它不是冲过来攻击你就是跑开了，当你惊动一头亚洲象时，它们的反应却是露出好奇的神情。

当然，即使是最为温顺的大象对驯象人来说也是极难对付的。大象电击棒实验之后，丘奇和布兰德在一位驯象人的带领下走进了大象食物投放区刚过的一个封闭区域，一头庞大的公象走向了它左边由圆柱堆起的高达五英尺（约 1.52 米）的屏障后面。这些圆柱原本是为了将处在发情期的狂暴公象与其他大象分离开来的。处于发情期的公象会不顾一切冲倒阻挡它寻找母象的任何障碍，它会粗暴地破坏、践踏遇到的任何东西，甚至人类。

从另一个角度来看，公象发情期是为大象精液库提供实验样本的绝佳时机，十年前，自然资源保护中心的基因数据库名录里就录入了这一项，但却一直没有得到实物。丘奇正站在遮挡着公象的柱形物体后面，但布兰德还是没有弄明白这个齐肩高的器物有什么用。他站在这个柱形物旁仔细地打量着，手顺着它弯曲的轮廓摸索着。终于，他发觉这个柱状物是依照母象臀部的形状设计出来的。

“斯图尔特。”

布兰德听到丘奇小声喊他，但他忙着弄清身旁的这个东西是如何完成使命的，“等一下，这东西真是太不可思议了。”

“斯图尔特。”

“噢，”布兰德接着说，“我明白了，这个是人工采精器，公象走到这……”

“斯图尔特！”

布兰德一转头就看见一头发情的公象，脚上拖着一条铁链，正气势汹汹地向他冲来，看样子它是想把布兰德踩个粉碎。

“你骚扰它的女朋友，它发怒了。”丘奇说。

布兰德立刻从取精器旁跑开了，脸都吓白了。

“看样子无论什么物种都有嫉妒心，下次你要提醒我，不要在大象和它的伴侣之间横插一杠子，那可不是闹着玩的。”布兰德悻悻地说。

那头公象怒气冲冲地看着他们，丘奇为朋友的鲁莽抱歉地冲它笑了笑。最后，他和布兰德都跟着驯象人离开了这个采精专用的围场。

几小时后，丘奇、布兰德和费伦坐在了这个收容所边上一栋矮房子的会议室里，会议室的斜对角就有两所可以与哈佛医学院相媲美的基因实验室，丘奇曾为这里的研究设备感到深深的震撼。这里可不是那种浪得虚名的动物园，而是承担了重要使命，保护濒临灭绝的圈养及野生亚洲象的重要科研机构之一。

实践证明，这个中心所建立的基因库对研究和提高数量在不断减少的物种的繁殖力方面意义重大；同样，它对研究大型野生动物所遭遇的特定健康威胁也有很大作用。即使人类不再让大象表演节目了，大象对人类的意义也远不止娱乐功能那么简单。在研究治疗癌症和延长人类寿命的实验中大象起到了独特的作用。

尽管作为地球巨型生物的大象极少罹患癌症，超过半数的人类却在特定时期会罹患癌症。作为一名研究如何逆转衰老过程的科学家，丘奇有时会问自己，如果每个人最终都会得癌症，延长人类寿命又有什么意义呢？

丘奇确信大象对癌症的免疫功能是由其基因决定的。隐藏在大象遗传物质中的某种因素使大象的细胞在分裂过程中不像人体那样,因为基因突变会生出引发癌症的肿瘤细胞。丘奇坚信，只要生物学家们有足够的时间和足量的大象细胞，人类最终会解开大象基因构造的未知之谜。

说到他们见过的一头取名迈克的幼象时，布兰德有些动情。“它身上的毛又长又密，多得超乎我的想象，它是那么健壮，那么漂亮，那么温顺。我第一次见到它的时候，它还学着成年大象的样子，用长鼻子嗅我的鞋子，似乎想弄清楚我是从哪里来的。”

布兰德是一名自然资源保护论者，他觉得能够走在濒临灭绝的动物之间真是一种至高无上的心灵体验。靠近迈克的时候，他开始只是从单纯科学的角度观察它，观察它体型的大小，推测它在保护中心的象群里占据什么地位。但到了幼象的身边时，它活泼又顽皮地用象牙来回蹭着他，他顿时爱上了这个小家伙。

布兰德很清楚，迈克的举动并不是特例。大量资料显示，无论是个体的大象还是已经确立团体秩序的象群，大象都是一种情感非常丰富的动物。最近，布兰德读了一个关于一头母象的故事，这头母象在每年随象群迁徙的时候，都会选择回到它的孩子死亡的准确位置，毫无疑问，丧子之痛无时无刻不啮蚀着这头母象的心，唯有待在孩子曾生活的地方它才会好受一些。摄像师捕捉到了很多和这头悲伤的母象类似的画面。大象会保护、帮助受伤的亲戚或象群成员，它们甚至会帮着埋葬象群成员的尸体。它们也和人类建立了真实的情感联系，有时，大象和人类的友谊能维持几十年。

大象强烈的情感和惊人的智慧令布兰德非常震惊。大象可以使用简单的工具，如树枝、岩石，也能模仿人类吹口哨或号角的声音。大象也很爱玩，同时对万事万物充满了好奇，布兰德就曾花了十分钟愉快地观察着迈克的一举一动。它试着弄明白花园中水管的作用，最后成功地喝到了水管中的水。他也曾看到过大象第一次见到雪时的情景，它们可以用象牙滚成大雪球，还调皮地互相掷雪球。布兰德并没有将大象拟人化，他确实能从迈克的眼中读到智慧与强烈的情感。

研究所里一位高级研究员告诉布兰德，迈克很有可能在一年之后死亡，这消息让布兰德如同置身冰窖。

研究员接着解释说，现在亚洲象的整个部族都面临着一场浩劫，一种毒性极其高的疱疹细胞在象群中蔓延，不同于人类所感染的疱疹，大象疱疹往往是架设在大象心脏旁的一把利刃，随时会肆意夺取它们的生命。数据显示，超过四分之一的年轻亚洲象死于疱疹，死亡数量多于受栖息地面积萎缩和猎人捕杀等因素导致死亡的总量。

如果迈克即刻死于疱疹，那复活古猛犸象幼崽的科学研究又有什么益处呢？

“我们必须采取一些措施来阻止这种情况发生。”费伦终于发话了。

费伦还没有说出下一句的时候，丘奇清了清嗓子说：“我们一定可以做到。”

丘奇的脑子早已开始超速运转。迄今为止，没有一个人曾在实验室中培养出阻止大象机体产生疱疹的病毒，这也是目前未生产出大象疱疹疫苗的原因。但世上每一种科学问题都有相对应的彻底解决方案或权宜之计，丘奇的猛犸象复活团队就选择了绕过缺少大象干细胞的权宜之计，他们首先让普通细胞永远不灭亡，并将它们转化成合成的干细胞。丘奇在保护大象免遭疱疹之苦时也选择避开不能培育出的抗病毒细胞，试着写出病毒细胞的基因组。

“我们将逐步研究病毒细胞的片段，然后重建它们的基因组，从而在实验室中编码并培育出病毒细胞的疫苗。”

费伦吃惊地盯着丘奇，他觉得，乔治·丘奇果然名不虚传。

“如果我们复活猛犸象需要亚洲象的帮助，”丘奇耸耸肩说，“那我们也为它们做点什么，这真是再好不过了。”

付出必有收获。

丘奇为医治亚洲象疱疹病毒找出了方法并制订了基本方案，“复活者”团队也因此有了做实验的大象。

25

“红色，鲜肉的颜色”

TIME：2014 年冬

AD：韩国，首尔，秀岩生物科技研究基金会

一个大理石和玻璃组成的混合箱体被放置在一块精心修剪过的草坪边上，有围栏保护，还有两个穿制服的警卫把守着。穿过手术室时，吉明冷得发抖，他的蓝色隔离服和无菌橡胶拖鞋的松紧带在他走路时发出沙沙的摩擦声。他的口罩和手术帽戴着感觉很紧，或许是因为他穿着睡袋一样的牦牛皮和软毛棉衣，在野外待得太久了，他似乎一时有点不适应在生物实验室里工作的感觉了。何况，秀岩生物技术研究基金会的中央克隆

技术实验室可不是一个普通的生物实验室可以比拟的。

当他站在手术台之间狭小的地方时，他又一次直打哆嗦。实验室内的温度几乎和寒冬里的野外温度一样低。为了样本能够保存良好，没有窗户的无菌实验室内必须保持最理想的低温条件，这种情况下实验人员的感受也就顾不得了。他几乎感觉不到高科技通风系统吹出的丝丝凉风，无论他在手术室里待了多少次，无论他的训练有多么扎实深入，无论他在这几年里对多少或死或活的动物做过手术，他永远都适应不了这样的环境。

宽敞的长方形手术室里，摆放了三张案台，间隔约四英尺（约1.22米）。所有的技术人员穿着和吉明一样的服装——蓝色隔离服、橡胶靴，戴着口罩和帽子，他们围在每张桌子的旁边，反复检查着插管、血液线，以及麻醉压力表。外科医生们在他们之间穿梭着，一张张桌子挨个检查着各项准备工作的情况，以便确定他们的手术已经按原定计划准备妥当了。

吉明走过了距他最近的一张桌子，他可以看到第一只动物的后腿和臀部棕色的皮毛和它柔软的尾巴。大半个躯体都用防水手术洞巾盖着，而开口就在医生要下手术刀的精确位置上。这只动物的头垂在桌子的另一边，下巴略微张开着，以便放入插管。

吉明曾在多家医院目睹过多次外科手术。几年前，他甚至还目睹了自己妻子的剖腹产过程。他坐在她旁边的一个小凳子上，握着她的手，而一个产科医生从她的腹部切到子宫，把他们的第二个孩子从困难的生产中解救了出来。

但是，这次的手术过程是不同的。这台手术看起来会有些奇怪。

他走过第二张案台，手术已经开始，医生在防水洞巾的开口下划了一个小切口。对一位外科医生来说，这是一个早已做过数百次的简单、常规的手术。就个人而言，这就是用熟悉的设备完成熟悉的手术，试管、超声波探头、吸针，再加上稳定性好的精湛技术。

第三张案台略有不同。在它上面，动物尸体的手术切口已经划开，导管也已经插入，混合液就要直接泵入子宫了。这是始于前两张案台工作的最终结果。与抽出导管相比，插入导管的过程更要倍加小心，这需要经验丰富、训练有素、手法稳定的专业人员操作。即便如此，该手术的成功率也只有三分之一。导管插入极有可能失败，发育过程中的胚胎在足月前死亡的可能性也非常大。即使胚胎发育成熟，许多动物也不能健康地长大成年。楼下就有一个实验室，有许多发育有缺陷的样本需要兽医们尽力帮助它们恢复健康。

虽然这个过程并不完美，而且吉明还无法摆脱他在实验室里走动时的不适感,但他知道自己在见证一个医学奇迹。他认为，在前两张桌子和最后一张桌子之间的创举完全是诺贝尔奖级别的成就。虽然他的老板黄禹锡在此方面是率先实践的人，但他深陷丑闻和欺诈指控，永远也不会有资格获得诺奖。

但在被质疑的工作范畴内，黄禹锡也取得了令人瞩目的成就。就在他接受审讯的同年——2005 年的 8 月，他在《自然》杂志上发表了一篇关于成功克隆阿富汗猎犬的论文，那条狗名叫斯纳皮（Snuppy），这是一个不可思议的突破，《时代》（*Times*）杂志为此称那条克隆狗为年度“最了不起的发明”。

虽然他关于人类克隆技术的声明是假的，但他的克隆狗是真实存在的。黄禹锡，曾经是一位默默无闻的兽医，他花了大量时间研究家畜，最后完成了别人没能完成的事：他克隆了一条活生生的狗！

截至目前，他的基金会已经将这样的科研创举重复了逾 600 次。吉明曾多次见证这一烦冗复杂的过程。首先，在手术室里将从狗体内获取的卵子放在培养皿里，用移液管移除卵子的 DNA，然后再植入来自另一只狗的 DNA——通常是来自活的皮肤细胞，这个过程被称为“体细胞核移植”。然后用电荷刺激卵子，迫使它分裂，这样就从本质上推动了这个卵子开始发育成一个功能正常的胚胎。然后把样本带回手术室，小心地放进另一只狗的健康子宫里。

生命的源头是生命。吉明若有所思地经过植入手术案台，朝手术室后面的双扇门走去。当他想到那三只狗时，他还是感到后背发凉，它们仰卧着，舌头垂在呼吸管旁，而医生们按部就班地开展着各自的工作。他不由地责备自己思想太过落后。当然，在变成人们司空见惯的事情之前，未来主义科学总是让人感觉很奇怪，甚至残忍。黄禹锡并不是单纯为那些富有的狗主人提供服务，他也是在推动克隆科学的发展，他要让全世界了解这个强大的新技术到底能给人们带来什么。

他的克隆狗可以通过理想地试样控制来提供相同的生理机能并用于药物研究，这有助于治疗老年痴呆症、癌症以及糖尿病等。黄禹锡还送给了韩国警察部门“嗅探”犬，这些狗是从天资极高的工作犬的皮肤细胞中克隆出来的，这些工作犬都接受过嗅出尸体、炸弹和毒品等物品的特殊训练。所有的狗嗅觉都很敏锐，但某些品种的狗对训练和野外工作的反应力更好。因此，利用从这些具有优越天性的狗身上获取的遗传物质，黄禹锡可以为警察部门提供完全适合工作需要的特种犬。

黄禹锡也打算把这种特殊品种的狗送到俄罗斯一家同行基金会去，尽管有人认为黄禹锡和秀岩生物科技研究基金会所做的事情不是真正的利他主义行为，但这也是他们希望将来能提供更复杂的克隆项目互助的一种无私表现。先前关于克隆人类的流言并不会因为基金会研究出了克隆狗而烟消云散。

吉明穿过了双扇门，沿着一条长廊径直走向研究中心。打开上了锁的一扇拱形门，他步入了一间没什么华丽装饰的办公室，里面只有一些书架、显微镜柜和电脑。

过去的一年里，只要吉明不去野外考察，这里就是他的实验操作中心。虽然他并不是在秘密行事，但大家都知道，急于把一件未经证实的事情公布于众是会招来祸端的，这是吉明和其他研究人员从过去发生在黄禹锡身上的事情中得出的教训。

吉明走到了室内正中间的桌子旁，重重地坐到他的皮靠背椅子上。刚坐下，他就把目光转向了电脑旁的一个马尼拉文件夹，文件夹里有很多页纸。

几个月前，也就是最近一次从西伯利亚返回的时候，吉明将带回的猛犸象幼崽标本放置到了一个特别设计的实验用水箱里。他亲自监督了转移和储存的过程，确保空气的温度、湿度恒定并精确地维持了无菌状态。当他第一眼看到尸体从冰里拉上来的时候，他就断定，这个就是他们一直在寻找的理想标本，也许是他们能找到的最好的一个。

但如果此刻他手中的文件所反映的是正确的，那他之前的判断就大错特错了。

根据这些文件，2013 年 5 月，位于雅库茨克的东北联邦大学的基金会同行们领着一支俄罗斯探险队在北极圈一个偏远岛屿上的冰层下发掘出了另一头猛犸象。这是一头雌象，15000 年前，它死的时候应该已经有 60 岁了。虽然这个猛犸象标本已经非常完美了，但当他们把猛犸象从冰里抬出来时，他们有了更大的发现。

这只猛犸象死后，它的后肢淹没在水里，并且很快结冰了。虽然它的上半部分暴露在了自然环境中，而且大部分的肉已经被食肉动物吃掉，但它的下肢却被保存在俄罗斯科学家从未见过的地方。

吉明一遍又一遍地读着俄罗斯探险队领头谢苗·格里戈里耶夫（Semyon Grigoryev）写下的文字：

“当我们打破它腹部的冰时，”格里戈里耶夫惊呼道，“有血液流了出来，颜色很深。”

对吉明而言，这番言论令人震惊。一具在冰里封冻了 15000 年的尸体，不仅保存得如此完好，还有可能含有液态血液吗？后面的文字中，这些俄罗斯人描述了发现的完整肌肉组织——“红色，鲜肉的颜色”。

吉明在穆斯哈亚山冰洞里发现的东西以其完整性震惊世人，

虽然他还没有从标本中提取细胞，但他希望，即使找不到可以利用的细胞组织，能找到一些可以提供信息的细胞组织也好。但是，发现了红色肌肉组织？血液？

真真实实的血液？

这几乎不可能！吉明知道，在巨大的压力下，科学家比大多数人都更容易夸大研究发现的结果。他们也可能因为某个发现一时激动就对所看到的事物做出误判。天哪！要知道，他身处的整栋建筑，这座到处住着被代孕妈妈们断奶后扔下的克隆小狗的大房子，包括他刚刚走过的手术台，还有那些放满了来自北极的冰冻标本的诸多实验室，所有这些都是在当年科学研究的某次夸大描述后才建造起来的。

但如果这些俄罗斯人发现了一头保存着真实血液和完整DNA的猛犸象，这可能就是吉明和他的同事们一直在等待的突破。

吉明把马尼拉文件夹放回他的桌面，从口袋里拿出了手机。他回到首尔仅仅几个月，但他没有选择——他需要立即预订飞往俄罗斯的机票。他得亲眼看看这个新发现。

许多遗传学家认为克隆一头猛犸象的目标不可能实现。所以，很多人对黄禹锡和他的研究中心为自己设定这个目标的动机存疑。他们认为，黄禹锡是在做自己不可能完成的事情或者准备再次夸大研究的意义，以便恢复受损的声誉。其他同样在做复活猛犸象实验的机构均选择了合成路线而非克隆，因为他们认为冰冻了上千年的 DNA 不可能被复活。

“血流了出来，颜色很深。”

根据他办公桌上的文件，这些俄罗斯人把他们的样本藏在某个隐秘的储藏室里，因为领军的科学家认为这个样本太过珍贵，有人可能会打它的主意，想偷走它。对吉明而言，这种做法似乎过于夸张，而且显得可疑。不过，即使在美国，科学家也可能是遮遮掩掩的，甚至是疑神疑鬼的。人们确实经常会互相剽窃思想。

当然，吉明的上级黄禹锡知道保密的重要性。就在最近，基金会的母公司，韩国财阀集团——一家特大公司，已经完成了在加拿大艾伯塔省购买两万英亩（约 121406 亩）农田的付款程序。这片隐蔽而广阔的地域是西伯利亚苔原地区一个近乎完美的姊妹地址，非常适合复活后的猛犸象象群生活。因为之前的计划是在该地区进行勘矿活动，当地居民对这家韩国公司产生了怀疑和恐惧，这时候，该公司发布了一份措辞优美、温和的声明，宣称这片土地将被用于“实验性农业技术”。即便如此，该公司企图遮掩任何关于土地购买细节的行为还是招致了一些当地人的怀疑。他们猜想，秀岩是不是准备在加拿大北部建造一个新的“侏罗纪公园”？

吉明还是不能确定这些俄罗斯人究竟发现了什么，除非他亲眼看到标本。但此刻他还是持乐观态度。毕竟，一头15000岁的猛犸象刚好让不可能变成可能，这种事情的概率是极小的。

26

合成子宫

TIME：2014 年 8 月 15 日
AD：波士顿，哈佛大学

哈佛大学礼堂的研讨会进行得热火朝天，气氛高涨。丘奇有些不情愿地跟在婷的后面，沿着礼堂一侧的过道寻找着空位置。有这么多人参会让他很惊讶，因为这个礼堂仅观众席就至少有 15 排，可以同时容纳约 150 人，今天竟然几乎要坐满了。

礼堂内很暗，借着已垂下的供发言用的投影屏幕发出的微光，丘奇发现，今天到场的很多人都是熟悉的面孔，有基因学家，生物学家，还有其他领域一些响当当的人物。但就今天的研讨会主题而言，这些专家的到场并没有特别重大的意义。

“怎么会有这么多人来这参加这个关于猫基因研究的研讨会?”丘奇纳闷地问，但是婷示意他别说话。这个时候，婷似乎一门心思只想找到两个空位，她在礼堂过道里走路的速度比平时还快，丘奇也只好迈开步伐紧跟了上去，以防被甩开。

“这次会议只是关于猫基因组研究，对吧?”他忍不住又一次低声问。

当然，如果是在多年以前，对一只普通家猫进行基因测序是会让整个哈佛大学礼堂沸腾的新闻事件。2007 年，当冷泉港实验室的研究人员对一只名叫辛纳蒙（Cinnamon）的四岁猫科动物进行了基因测序，这个基因测序是测序实验的又一巨大进步，已经产生了适用于人类、黑猩猩、老鼠、狗等动物的可行基因组。同时，全球各地基因实验室的科学家们还掌握了少数其他动物的细胞和皮下组织的基因测序技术。但是，七年后，丘奇压根想不通猫基因研究领域获得了什么样的伟大成就，才能吸引这么多人来聆听一场演讲，更别说是一个为期三天的会议了。何况丘奇在公告栏里看到有关“猫基因 60 对”的海报时，这个研讨会的信息才刚刚登记公布。

“我们从人类染色体核型分析和染色体图谱开始讲起，”主讲人在台上唠唠叨叨地讲得起劲，婷也终于在台下后排找到两个位置，“到测序，到整个系统发生学，再到辐射杂交细胞图，再到遗传连锁图谱，再到 60 对完成测序的猫基因组。我们现在已经利用猫基因组作为模板来对其他物种进行测序了……”

听到这些，丘奇有点坐不住了，他觉得这场研讨会的主题一点儿都激不起他的兴趣，这样下去他一定会犯困的。但丘奇发现周围的人似乎都看着他，出于礼貌，他只好装作对演讲内容非常感兴趣的样子。何况，主讲人弗里茨·罗斯（Fritz Roth）可不是等闲之辈，他是一位非常著名的生物学家，多伦多大学教授。同时，他的生物物理学博士学位就是在哈佛大学丘奇实验室工作时获得的。

实际上丘奇不仅仅认识主讲人，他环顾附近几排座位时，还发现他原来带过的一些博士生也在场，其中大部分人都在其他大学的基因学领域开创了非常辉煌的事业。

看到这些，丘奇不禁想，也许他确实疏漏了一些有关猫基因研究领域取得的新成就。近年来，他将更多精力用于其他方向的研究而没有关注这个方面，如果这是场关于大象基因的研讨会，他一定会为了抢到前排位置而提前 20 分钟到场的。因为他曾经参观过林林马戏团动物保护中心，所以每次会议上他都竭力把猛犸象复活计划当作重中之重来对待。

“我们将会克服在猫基因组研究中的选择压力，”罗斯继续讲着，尽管丘奇根本没有听他讲的那些令人聒噪的东西，“我们可以追溯家猫的驯养历史……”

丘奇的思想现在已经回到了实验室，与璐菡和鲍比在一起了。奎恩最近请假不在研究组——他妈妈得了很严重的病，动了一个很大的手术。马戈最近也没有上班，她正忙着申请科学专利。但璐菡和鲍比正在准备大量用于移植的大象培养细胞，他们要借此培育出携带特定性质的永生细胞系，使之变成诱导性多功能干细胞。很快他们就能向丘奇提交携带部分猛犸象基因的普通大象细胞。

这一切意味着丘奇该为下一步研究做出考虑了，而且，他们必须要充分考虑将来必须面对的种种伦理道德困境。丘奇组建了一支专门研制大象疱疹的队伍，他们正在合成一种病毒的变体并且在全力以赴地研究可以治愈感染细胞的良方。丘奇有一个结论，从某种程度上讲，复活猛犸象并不是最重要的，保护好濒临灭绝的大象才是最关键的——如果说复活猛犸象会对大象的数量造成伤害，尤其是如果利用濒临灭绝的动物尝试复活已经消失的动物，结果现实中濒临灭绝的动物却没有得到应有的保护，那么做这件事是毫无意义的。这个项目的前提一定要不损害任何一方的利益。这就让他们面临着一个严重的道德问题：一旦他们成功研究出具有猛犸象特性的人造干细胞，就需要把它植入受精胚胎然后设法让它发育足月并分娩。但是在实验中使用一头怀孕的亚洲象是一件存在伦理层面争议的事情。毋庸置疑，这期间他们肯定会遇到很多坎坷和挫折。在克隆动物的过程中，流产和产生基因突变体的概率比正常情况下要高出许多。据丘奇了解，即使是在秀岩生物科技研究基金会，成功的可能性也只有三分之一。专家们在如此低的成功率下，根本无法继续完成这个项目的研究。在母象身上做实验的难度确实非常大。

现在，丘奇不得不开始寻求一种两全其美的办法。

“现在我们一起来寻找一些明显的特征。”罗斯说着，身后的屏幕上显示了两只体态不一的家猫，一只懒洋洋地躺在地上，悠闲地闭着眼睛，脸上洋溢着幸福的表情；而另一只躬着背，尾巴上翘，身上的毛直竖着，发出了阵阵嚎叫，“温驯行为与凶猛行为。”

丘奇一时又走神了。另外两张幻灯片播放了出来，一只极其肥胖的猫和一只刚好巴掌大的猫，“体型肥硕与体型瘦弱。”

丘奇不禁瞥了婷一眼，这太不可思议了，这些滑稽的图片明显是从网上随意下载的，也有可能是从某一段关于猫的趣味视频中截取的。罗斯是疯了吗？

丘奇看到婷在笑，周围所有人都看着他。

“我们发现，这只猫和某个人非常相似。”罗斯说着。一张白胡须的小猫图片出现在屏幕上，这时观众们开始大笑。

“让我们揭开谜底吧！”罗斯说。

屏幕上猫的照片变成了丘奇的照片。图片下方还显示着这次讨论会的主题——“猫基因60对”。此时，这些文字开始变化起来，这时丘奇突然明白了它的真正含义。

猫基因60对——乔治·丘奇60岁。

他沉浸于大象胚胎项目研究，以及对未来的规划中，竟然忘了不久就是自己的60岁生日了。

怪不得丘奇总觉得这一屋子的人看起来都是那么的熟悉。会议室的灯亮了起来，他发现在场的不是他之前实验室的成员，就是当年的良师益友们。他还看到杜克大学的金宋候就坐在前排，准备做接下来的有关猫基因研究的演讲。

所谓的会议原来就是大家跟他开的玩笑，给他的惊喜。此时掌声响了起来，庆祝的香槟也打开了，丘奇刚站起身来，他现在实验室的成员从隔壁的房间里涌了出来。此前他们一直在隔壁房间里，通过闭路电视观察着会场中人们的一举一动。丘奇摇了摇头，他又高兴，又惊讶，这一大群人竟然可以在他完全没有觉察的情况下精心布置好会议的整个过程，他被大家的诚意深深地感动了。

“额，真是太意外了！”很长时间后，掌声停了下来，“我还以为猫基因测序领域确实有了什么大成就。”屋子里的人争相上前和他握手，向他表示生日祝贺，同时也都郑重地向他重新介绍了一遍自己。真是难以想象，丘奇实验室已经向这么多国家的这么多所大学输送了学术精英。可以说遗传学未来的主体发展动向就是由这个会场内的科学家们决定着。丘奇真的为在场的科学家们所呈现的，由他的实验室所发起的伟大创举和大胆尝试而感到自豪。

丘奇招呼完自己实验室之前的成员们就用了将近一个小时。最后他被请进了拐角处的一个房间里，璐菡、鲍比、奎恩、马戈都在那里，他们也参加了这次惊喜聚会。丘奇觉得借此机会跟大家说说正事无疑是最好的，他要告诉大家他做了什么样的决定，而且，璐菡和鲍比还将要承担更繁重的工作任务。

丘奇像往常一样直奔主题。

“我反复思考过了，我们将受精卵注入亚洲象母体的做法无法既符合伦理道德，又能对单个母象的平安负责任。”

博士后们有些意外。璐菡和鲍比是科学家，他们当然认为完全保障亚洲象母体舒适度的必要性和复活猛犸象事业的重要性相比，后者才是他们的重点。作为爱护动物人士，马戈和奎恩也明白这一点。

“那我们该怎么办?”璐菡问道。

鲍比接着说:“总会有个变通方案吧?”

对,任何事情都会有变通方案的。

这时,丘奇实验室的一名前成员举着香槟向丘奇道贺,丘奇微笑着向他致谢。这个科学家目前住在伦敦,他正在研制一种疫苗,一旦成功将会拯救成千上万个生命。

丘奇回到了正在讨论的话题上。

“我们来研制合成子宫!”他说。

鲍比惊讶地倒吸了一口凉气,“人工子宫?”

他和璐菡曾一起从事过生育项目研究。因为鲍比对有关生育的研究非常感兴趣,所以他对目前的试管授精,以及生殖科学非常了解。尽管从理论上来说在子宫外培育胚胎,并且让它存活相当长的时间是完全可行的,但截至目前还没有一位科学家成功培育出能存活 14 天以上的胚胎。原因很简单,这种做法违反了相关法规。世界各地越来越多的科学家们都拥护不允许在体外培育人类胚胎超过 14 天的禁令,也有很多国家颁布法令确保这条禁令得以实施。

这条体外胚胎不超过 14 天的研究禁令早在 1995 年就达成了,但是由于伦理道德方面的原因,受精卵着床和妊娠的研究变得异常困难。

“这个问题还属于科学范畴吗?”璐菡说。

在子宫外培育一个孩子是完全可行的，早产儿如果能够活过 23 周，就可以存活下来，但是那段时间对他们来说是很大的挑战。

“我查阅了很多文献资料，但并没有在网上或者杂志上找到类似的研究数据。”鲍比说。

“这是因为根本没有人做过此类研究。”丘奇说。

“我们来做!”璐菡接过了他的话。

丘奇将为研发人造子宫去申请拨款，他知道经费管理委员会可能会驳回他的申请，他们会觉得这个研究是不可能完成的。

也许他们说得对，但这并不能阻挡丘奇的研究步伐。

27

基因改造

TIME：2016 年 6 月 20 日
AD：楠塔基特海峡

下午 3:00，从楠塔基特岛到海恩尼斯港的海面上，一艘海兰公司（Hy Line）的双层高速渡轮正在以 30 节的速度破浪前行，洁白的浪花向船体两边飞溅而起，海面上留下了一道长长的水痕。

一只海鸥悬停在铺满阳光的外甲板上方，距离护栏只有几米远，它的身影映衬着湛蓝的天幕，就像一个史前动物困在无垠的冰川中。海鸥的翅膀迎着海面的微风拍动，羽翼伸展形成了一个完美的螺旋桨，放大了升力，减弱了阻力，这些让海鸥与渡轮的距离保持不变，看起来完全静止，二者在速度和方向上精准一致。

婷似乎只要爬上齐肩高的扶栏，再伸开双臂，就能将这只海鸥捧在手中。不过，她觉得这样静静地看着它就很惬意。直到后来，一股海浪涌动，掀起的阵风打碎了这幻境中的蔚蓝冰川，只见海鸥突然急转直下，从渡轮一侧俯冲向海面。

“我们好像站在这里太久了。”丘奇在一旁说。他们俩看着海鸥的翅膀似乎要挨到海面，紧接着箭一般地飞回了原来的高度。这时候，它的嘴边挂着一串绿色的东西。

婷笑了，其实这样的美妙时光变得越来越难得了。她和丘奇的事业都处在攻坚阶段，这就要求他们必须把大量时间花费在各自的实验室中，还常常需要从一个城市赶往另外一个城市，消耗些时日将他们的研究带到一个个座谈会上或者宣传给世界各地的同行们。此次楠塔基特海峡之行就是一个和其他人强强联手的机会，可以让两个全然不同的研究方向相统一并共享生物学的未来。

他们第一次约会时，婷就知道她和丘奇能做到心有灵犀、志趣相投，他们以完全不同的视角看待一件事情，但最终却总能走向同一个目标。丘奇可能从飞行力学的角度审视着这只海鸥，而她思考的则是遗传学的问题；抑或是婷想到的是鸟类的视觉系统，而他则在思考其化学过程。

这次，丘奇没有把海鸥当成一个完整体看待，他关注的是构成这只鸟的单个细胞。他的视角深入到了海鸥的细胞核和基因链中，正是这些遗传密码子使鸟类能够在空中飞翔。极其细微的基因序列可以决定羽毛的形状和结构，指定遗传密码子给鸟类翅膀上的肌肉、肌腱的力度和密度、尖棱形状的鸟喙，以及它们眼睛的形状和颜色。源自于永生干细胞系的每一个细胞都有至少 5000 年遗传过程的产物。由十亿个碱基对构成的基因组在一个个海鸥的体内遗传，这个遗传过程中包含的上千种细微基因序列决定了鸟类所能体现的一切特征。

对如此复杂的基因序列哪怕做一条更改，即使是采用 CRISPR 基因编辑技术剪掉其中最细小的一段 DNA 片段，然后用已选的人工合成基因替代，你就改变了整只海鸥。基因被更改的数量达到一定程度时，它就可能不再是一只海鸥了。对它的干细胞系进行这些改变，人类的行为就会影响物种的发展趋势，并在其后的 5000 年里一代代传递。

“演讲的进展似乎很好。”在刚起航返回波士顿时，丘奇继续聊起了他们在排队等候登上高速轮渡时开始的话题。他说到了两周前在这个岛上召开的市政厅会议。“从我和每一位参会者交流得到的信息来看，听众们似乎真的理解了。”

虽然他们没有亲自听演讲，但还是通过别人的讨论对研究内容有了一些了解，他俩不是很喜欢那些听和不听都让他们一知半解的问题。信步走过楠塔基特海峡狭窄的街道和码头，他们经过了一片古色古香的雪松木瓦房和店铺，它们杂乱地挤在一起，在木格子码头泛出的同心波纹的掩映下，使人觉得时光倒流了 250 年。成群的游客们手中攥着从码头上五六家商店里买来的冰激凌甜筒，推着婴儿车的父母们有些费力地在鹅卵石路上走着。他们带着孩子穿梭在一片片沙滩和一个个高端风景区之间，这是一个宁静祥和，但消费水平也极高的小岛。尽管如此，婷还是能够在心里毫不费力地勾勒出这个小岛曾经的样子。英国人最早到这里定居，18 世纪到 19 世纪早期就形成了一个以捕鲸为主要产业的村落，它统治了鲸油产业，这在一定程度上推动了美国实验科学的发展。鲸油是从鲸脂中提取出来的，是当时最重要的能源，其地位一度被认为不可替代。

“他们没有举着木叉把埃斯维特（Esvelt）赶出小岛，这就是一个不错的开端。”婷说。

凯文·埃斯维特（Kevin Esvelt）介绍说，小镇在历史上是一个非常古朴的地方。市政会议大厅的门口铺着一条鹅卵石小路，捕鲸船长们会后就沿着小路悠闲地走到码头上。埃斯维特是麻省理工学院媒体实验室的一位副教授，曾在丘奇实验室进行博士后研究，也是这次会议的组织者。他为约 20 位居民、本地官员，还有楠塔基特卫生局的委员发表了演说，主要介绍了他针对莱姆病的扩散提出的创新性解决方法。

莱姆病是一种非常顽固的细菌感染疾病，每年约有 30 万人受到感染，主要分布在美国东北部。发病初期，患者的症状和轻度流感相似，伴有发热、关节痛、浑身乏力等症状，个别病例还会出现典型的牛眼状红斑。莱姆病很难治疗，如果不能及时治愈，会引起长达数年，甚至数十年的全身性慢性疾病。人和狗感染莱姆病是由一种蜱虫叮咬所致，这种蜱虫学名叫肩突硬蜱，还有一个大家都熟悉的名字——鹿蜱（deer tick）。

这种传染病的病源区是楠塔基特岛和它的姐妹岛屿马撒葡萄园岛。根据楠塔基特卫生局的说法，楠塔基特有超过当地常住人口 40% 的人曾感染过莱姆病，夏季来临之际，每周新增病例高达数百个。

因为本地的支柱产业是旅游业，夏季，楠塔基特的常住人口会从一万激增到六万多，而蜱媒传染病也对本地区卫生安全有了越来越大的威胁。前儿年，人们讨论过采取各种激进手段来对付这种疾病，例如，大量喷洒杀虫剂，但这种方法实施起来困难重重。岛上人口居住密度很大，而且大多人居住在鹿蜱也很多的茂密树林中，要把鹿蜱单独挑出来灭杀，这几乎是不可能的。于是，这个提议遭到了强烈的反对，人们认为，他们选择居住在楠塔基特是为了更亲近自然，而不是为了毁灭它。

直到两周前，埃斯维特提出了第三种解决方案，这是从丘奇那里得到的方法。其实，虽然婷和丘奇没有听演讲，但他们利用周末的一些时间，从部分听了演讲的人那里得到了一些反馈信息，这些人也包括埃斯维特本人。

埃斯维特的计划是在细菌感染到鹿蜱并传播之前就破坏这条生物链。昆虫是因为在幼虫期叮咬了一种白足鼠而受到感染，这种白足鼠是约 4 英寸（约 10.16 厘米）长的啮齿类动物，活动在美国周边的所有地区。埃斯维特准备改变白足鼠的基因，让它对莱姆病免疫，不能传播病菌给蜱幼虫，同时还能让它对蜱虫的唾液有抵抗力。如此，蜱虫就能依附在受过基因改造的白足鼠身上，并叮咬它。这样，疾病还没有蔓延，其传播途径就已经被切断。

埃斯维特估算投放大约 30 万只基因改造鼠到楠塔基特，鼠的数量就会超过当地的啮齿动物，品种间再杂交，最终它们会成为占统治地位的种群，也可能是岛上唯一存活的鼠类。这样一来，莱姆病的发病率会急剧下降。婷认为这种解决莱姆病的方法实施后，景象会让人有些不安。试想一下，逾 25 万只经基因改造的老鼠，100 多万只细小的爪子划过小岛上的鹅卵石路面，慢慢地消失在了路基下、雨水槽中、灌木丛里。但让她有些惊讶的是，这次会议上，人们对这个方案持有的总体态度是接受的，甚至是欢迎的。埃斯维特详细阐述了他的团队计划，先在一座无人居住的岛上试验，这和丘奇在穹顶村落里进行的基因改良蚊子的实验类似。实验结果证明了转基因鼠可以适应楠塔基特岛的生态系统后，他们才会将实验鼠放入楠塔基特。不过即使如此，要实施这个计划仍然还面临着诸多伦理道德方面的障碍。

近几年，婷一直致力于类似的社区外展服务工作。她奔走于全国各地，经常和穷困地区的人们交流，普及遗传学和基因工程的基本常识和意义。走进平民当中，和他们打交道，做一些对所有人都会产生影响的事情来改变他们的生活，这些工作已经变成了与婷投身的其他任何科研工作同等重要的事情。正如丘奇多次提到的，科学不会在真空中产生，科学家要对他们的工作和观点保持开放态度。

埃斯维特提出的转基因鼠方案影响的不仅仅是一个小小的楠塔基特岛。转基因鼠方案实际上是“基因驱动技术”的第一步，为整个美国东北部，以及世界其他地区消除莱姆病提供了有效方案。最终，它的意义将不只是改变数十万只白足鼠的基因，让它们对疾病免疫，下一步要做的是在物种属性里插入改变了的基因，以达到改变整个物种的目的。

“基因驱动技术”的出现引起了很大争议。单个生物体的基因变化将在其所有后代的机体中同样表现出来。也就是说改变了的基因将会一代代遗传，这就意味着这个物种被彻底改变。更甚者，利用“基因驱动技术”可以轻易使一个物种灭绝。埃斯维特完全可以采用使白足鼠不再繁殖的方法，而不是让它们不携带莱姆病毒。

蚊虫的研究方面，好几家私人公司正在寻求具体的解决方案。事实上，巴西已经对这个项目进行了野外实验并用来抵御登革热，还有后来的寨卡病毒。英国的牛津昆虫技术公司（Oxitec）研制出了25万只埃及伊蚊，并把它们投放到了圣保罗的一个村庄中。这些特殊蚊子通过“基因驱动技术”使生命力最旺盛的雄蚊寿命不超过四天，而且它们的幼虫也不能活到成年期。经基因改造的蚊子在自然界中彻底战胜了当地的原有种群，登革热的病例下降到了之前报道的十分之一。

简而言之，基因改造活动成功了，在当地，埃及伊蚊在“基因驱动技术”的干预下也将逐步灭绝。虽然大多数人都主张消灭携带疾病源的蚊虫是为了获得更大的利益，但这个强大科学工具在使用方面还存在伦理道德问题。实际上，美国的情报官员近期已经做出了一个在科学界饱受争论的决定，他们认为应该将 CRISPR 基因编辑技术和“基因驱动技术”作为潜在的大规模杀伤性武器看待。要记得，改变一个物种的基因可能会顷刻间导致整个种族灭绝。

但楠塔基特人认为，只要将“基因驱动技术”运用在有益无害的地方，他们就能摆脱那些危害生命健康和财产安全的疾病。

“我第一个提出，你要是想改造大自然，那就是在破坏它，”《纽约时报》报道了一个参会的市民的话，这位市民向与会者表达了自己的感受，“你们知道自己在做什么吗？你们想好了下一步要做什么吗？”

婷主张的正确科学态度在这次演讲的过程中得到了充分体现：开放的态度，社会团体的参与，为方案具体实施而制订的完备方案等。秘密的科学是危险而难以管控的，喜欢隐秘的人往往都是为了掩藏一些不可告人的事情。丘奇已经证明，实验室不必非得用不透光的墙围起来，不必非得设在配有武装护卫的高楼内并装上带刺的铁丝网，科研也能有竞争力，有新突破。

防治莱姆病病毒这类科学研究需要更多的普通民众参与进来，因为每个人都与像“基因驱动技术”这种影响深远的科技存在利害相关，不论是蚊虫，还是老鼠。

她知道丘奇也深有同感，但相对于整件事情的过程，丘奇还是更关心这次市政厅会议的结果。如果能用转基因老鼠消除莱姆病的威胁，那这将是他的实验室应用基因科学解决医疗问题的一个实例。此外，他觉得伦理问题、安全问题，还有沟通问题都要一一妥善解决。

当然，他也不能埋怨各个社会团体一开始显得这么小心谨慎。基因工程学的应用方面确实存在很大的潜在风险，丘奇对存在这样的争议毫不意外，同时，公众也有权质疑。

他出席2012年科尔伯特电视节目的时候，主持人就曾直截了当地问他："你认为你的工作会给全人类带来毁灭性灾难吗？它会成为致命的病毒呢，还是会像一个巨大的、基因突变了的夺命鱿鱼侠？"

尽管主持人是在开玩笑，但丘奇每天开展的科学研究的确是突破了正常范围。当一个人随时准备跨越界限时，他也就把自己置于了充满巨大风险的境地。

就在最近，丘奇和他科研团队研制出了一个高度合成生命体。他们创造出了第一个"编码重组"或者"基因合成"的有机体，这是一种彻底改变了基因组的大肠杆菌，这是全基因组范畴的工程实例，而非仅仅对基因进行增补。

实验是在安全保护措施极其完善的无菌环境中进行的。从空气过滤器到独立的无菌作业空间，实验室内的状况都是完全可控的。另外，在整个工作过程中，丘奇及他的团队成员都配备了必不可少的生物安全装置——手套、面罩，以及密封手术服。实验室内并不是高危地区，也不用穿着配有呼吸器的雷卡尔防护服，但参与其中的每个人都明白这工作本身的危险性。

实验室内，污染事件随时都可能发生。当你俯身捡起一个掉在地上的试管或培养皿时，手套或衣袖很可能被橱柜边沿划破，哪怕是极小的一滴实验样液落在你的皮肤上，某种新合成的细菌就能传播到外界去。回家途中，你可能会去某个咖啡屋坐坐或者看场电影，某种大自然中从未有过的大肠杆菌就会悍然入侵波士顿的整个生物系统。因为正如科尔伯特所预言的那样，这个细菌正是实验室中创造发明出来的。细菌从某个电影院的座位，或某个没有清洗彻底的咖啡杯传播到了一位行人身上，这位行人再乘坐地铁把它带回自己的家中。

无论是哪个城市、州，还是国家，世界上任何免疫系统本身都没有对人造细菌的防御机制，因为这种细菌是前所未有的，虽然它很可能是无害的，但情况不总是这样。

丘奇深知，无论周围环境多么安全，反向通风系统多么强大，科学家们穿戴了多少件手套和防护服，但是实验室出现失误的可能性还是存在。试管有可能会破裂，通风系统可能会出故障。要在安全问题上做到万无一失，关键问题是在工作过程中采取必要措施，这种方法叫作“生物防护”。丘奇常把它比作开车时要系安全带和使用安全气囊。

在丘奇的大肠杆菌实验中，他将一个合成氨基酸植入了细菌基因组，使它的存活完全依赖氨基酸。因为这种氨基酸并不是自然存在的，也不是细菌中自然滋生出来的，所以大肠杆菌只有依附氨基酸才能存活并繁殖，也就是说，它只有在丘奇的实验室内才能存活。在丘奇看来，这种预防措施甚至比常用的，给细菌基因组嵌入“自毁开关”的做法更行之有效。“自毁开关”的生成通常是利用细菌对已有某种毒素的敏感性，当发生意外时，细菌就能被立即消灭。丘奇认为微生物极有可能不断进化并提高自身对所选毒素的耐药性，最终具备战胜这种“死亡开关”的特性。但是将细菌嵌入到合成氨基酸基因组内部后，细菌就不能离开其基因组内的合成氨基酸而独立存在，想要摆脱它更是不可能的。

丘奇和他的同事已经在尽全力试验和完善他们的“生物防护”方案。为了达到零失误的目的，丘奇和同事丹·曼德尔（Dan Mandell）逐个检查了大量的方形皮氏培养皿；另一个同事迈克尔·纳波利塔诺（Michael Napolitano）制作了一个自动化“耐受性检测”器。他往储液器不断添加新的生长培养基，持续降低储液器中“依赖性”化学物质的含量。过一段时间，储液器中的细胞就可以更好地适应氨基酸水平较低的生长环境，但它们又不能绝对离开这种合成化学物质，这就证明了它们无法独立存活。

但是，是不是所有科学家做各种实验时都能坚守这种责任心呢？对这一点，丘奇并不确信。随着技术的不断改进，像丘奇研究的这种有难度的实验项目已经逐渐不需要非得在哈佛大学最先进的实验室里完成了。也许有那么一天，基因工程实验可以在私家车库或者阁楼里就能完成了——当然，说不定现在已经有人这么做了。

埃斯维特计划在麻省理工学院的一个安全实验室里研制他的基因工程鼠，但丘奇可以预想的是，终有一天，会有很多人就在他们郊区家中的地下室里研制他们的转基因鼠。

丘奇认为，科学家们更加应该注重与公众主动接触，向他们解释自己所做的事情，世人需要注意些什么，了解些什么。

返程中，丘奇的思绪已不再完全停留在埃斯维特的转基因鼠上，在诸多事务中，他设想着自己有一天也会开一场市政厅会议，大家齐心协力地让首个猛犸象幼崽在世人面前亮相。他想尽可能地让大众了解这个项目，尤其是在他们的实验越来越接近目标的时候。

他近期获得了制造人造子宫的一笔资助。璐菡和鲍比将要把已完成测序的合成猛犸象基因植入到能够无限增殖化的大象细胞中。他们将 14 个细胞组合在了一起——这比他们原计划多了 10 个。接着，他们就会尝试不断刺激细胞，让它们成为诱导性多功能干细胞。如此，就可以培育出类器官并测试实验结果。如果他们成功了，第一头猛犸象的复活之路就畅通了。

但现在，在这艘轮渡上，另一种动物进入了他的视线。

海鸥又飞回来了，再一次悬停在空中，就在丘奇和婷的眼前。

“老朋友回来了。”丘奇说，他的大手轻轻地搭在了婷的肩膀上。

婷想，现在丘奇眼中的海鸥可能就是一只海鸥，而不是零散部件的组合体。

丘奇总是立足于现在和未来考虑问题，只有他确切地知道什么是现实，什么还只是幻想。

28

“活着”

TIME：当下

AD：波士顿，路易 · 巴斯德大街 77 号，凌晨 2:10

“它活着。”璐菡说。她看见丘奇从装着变异血红蛋白细胞的培养皿前往后退了退，实验室里低温冷凝装置棱角上形成的水珠让实验室内的气氛更加恐怖了。

高高挂在操作台上方的荧光灯投射出来微弱的光芒，鲍比和丘奇并排站在这里。鲍比对璐菡刚才所说的话忍俊不禁，这让璐菡很不明白。她没有意识到自己无意中引用了 1930 年最优秀的恐怖电影《科学怪人》（*Frankenstein*）中的经典台词。她也没打算用这句话来表达他们已经创造了生命，因为他们目前还没有创造出生命来。“活着”这个词用在这里确实不是那么准确。

“我的意思是它们各项机能正常，正在释放氧气。”

如果所有细胞都在哺乳动物循环系统里的大大小小的通道里游走，而不是漂浮在塑料皿中放着的一组培养基里面，那么这些细胞就能把它们携带的氧气源源不断地输送给机体的四肢和各个器官，也输送到包裹在小骨头外面的皮肤中。这些小骨头会变成小象的尾巴、鼻子、耳朵和厚厚的脚趾。

“照这么说，现在我们已经拥有一头可以在北极圈生活的猛犸象了。”鲍比终于笑出声来。

“我们收获的可远不止这些。”璐菡说。

她注意到，丘奇在观察另外的一排培养皿，它们是刚从操作区旁边的无菌制冷系统里取出来的。璐菡觉得柜子上的这排培养皿可以作为收藏品放到斯密森尼博物馆正中心的展台上，放到《国家地理》杂志的办公室里或许更为适合。

通过化学方法提取的 14 个类器官（从立体造型和分子排列细节上都做到了近乎完美的精确）组成具有生命力的、永生的“类干细胞”的亚洲象细胞。这些亚洲象的细胞最初是由林林兄弟动物保护中心捐赠的，然后用 CRISPR 基因编辑技术植入人工合成的猛犸象基因组。每一个类器官代表着一个独立的猛犸象基因，这些细胞的分裂水平超出了“海弗里克极限”，并且已经准备好对产生的性状进行基因检测。

猛犸象的血红蛋白、皮下脂肪、耳朵细胞和尾巴细胞等，他们最终希望编码的20多种特征已实现了14种。丘奇正按照他们自主研发的检测步骤一个个地仔细观察这14个培养皿。在某些方面，虽然血红蛋白是较难测序的基因之一，但却是比较容易检测的。毕竟，我们并不必培育一个耳朵或者其他器官来检测我们是不是精准地获得了血红蛋白。

璐菡和鲍比最近几周已经多次核查了他们的测试方案。但奎恩和马戈目前不在实验室，这样，实验的实施遇到了很大的困难。他们很希望至少奎恩能在某一刻突然回来。璐菡很清楚，成功研究完转基因猪后，她也会很快离开丘奇实验室了。她和丘奇建立的公司正在筹集一大笔资金，他们将开始用肝脏材料做试验，以便进行首例真正的肝脏移植手术。

想到这里她悲喜交加。对于璐菡来说，从丘奇的实验室毕业就像是从云端步入真实的世界一样。她知道把猛犸象复活计划交到鲍比手里是非常可靠的，鲍比也一直在开展抗衰老研究。但是，随着时间的推移，她所追求的理想和目标实际上就是在挑战科学研究的界限。

丘奇总是成功地把那些界限拓展得更远一些。接替璐菡的博士后一定会发现他们所做的事情正在激起无休止的争论。那晚丘奇急着观察那个类器官的原因就是他已经引发了又一次争论，而这个争议和复活猛犸象的这些前期研究并没有直接联系，那是一个全新的发现。

不久前,《纽约时报》刊发了一篇文章，其中披露了一场在哈佛医学院进行的，有130名世界顶尖的生物学家、伦理学家和化学家参加的秘密会议。这次会议主要是为了探讨从零开始创造人类细胞的可能性。也就是说，他们将创造不需要捐赠源的人类细胞，这种细胞是完全从无到有人工合成的。

最开始，这项工程被称为HGP2,也就是“人类基因合成工程”，这项工程被认为是对“人类基因组计划”和丘奇的“个体基因组计划”的拓展。但是，这次会议的目标并不是解读人类生命基础的基因编码，更不是为了向公众发布丘奇发起研究的人类个体基因组信息，而是为了编写人类基因序列，并在实验室里通过使用化学物质把它创造出来。根据一些新闻报道，更为特殊的是HGP2可以在没有生物学父母的情况下从无到有地制造出一个人类个体。

这篇文章立即引起了舆论上的轩然大波，大众为丘奇复活尼安德特人的言论而表现得空前愤怒。伦理学家们告诫人们，亵渎神明会招致无穷无尽的祸端。人们在试管内利用基因技术筛选婴儿，使用“基因驱动技术”，还有那些可能由操作不当的基因修补所生成的令人胆寒的实验衍生物，这都会给人类带来意想不到的灾难。尽管丘奇和其他科学家已经在培养皿里创造出了生命体——但在2010年，克雷格·文特尔（Craig Venter）合成了包含一百万个碱基对的微小支原体细菌。而后2013—2016年，丘奇亲自设计和修改了大肠杆菌样本，包括它的基因控制措施。

璐菡想，如果用是否创造了生命作为衡量标准，那么丘奇和一些科学家亵渎神明可不是一次两次了。但即便是她也认为人类细胞和其他物种的细胞不同，它不能轻言创造。一个可与人类兼容的猪的肝脏会引起大家巨大的愤慨，但是如果从无到有地培育出一个人类肝脏，那必然会导致该领域的重大变革。

也有观点认为，《纽约时报》关于这场业内专家讨论会的报道只能说明这场会议在某种意义上具有隐秘性，毕竟哈佛医学院这次会议相对于其他会议来说也没有更加隐秘。会议送出了350份邀请函，不需要身份确认，会议已经全程录像并在网上公开了。丘奇和同事们正在准备提交一篇论文来概括本次会议的成果性结论。在重要的科研成果发表之前，作者们均主张媒体应该在总结论文公开后再进行报道。但是，创造一个合成人这样的科技事件是一个爆炸性新闻（哪怕媒体说的细胞是从其他物种体内获得的，而不是采自婴孩）都应该上头版头条。

丘奇感受到媒体和大众误解了这项工程的初衷。这个研究项目的目的并不是要创造一个人，而是试图仅创造出人类细胞。科学家们通过获取这些细胞不仅可以研究如何治愈人类疾病，如癌症和老年痴呆，还可以用更实用、更廉价的方式研究人类的身体状况。

丘奇的新项目预算耗资是1000万美元。在璐菡看来，和最初完成“人类基因组计划”所耗费的30亿美元相比，这个数字就微不足道了。围绕这场会议的争论主要来源于人们对科技的过快发展，以及最终可能不受人类控制的恐惧。

但是对现存的科技发展视而不见并不能阻止它们在日常生活中的实际运用。今天——就在今天——一个活体单细胞将会在实验室里被合成制造出来。那是生物学的真正圣杯——这不是解读“人类基因组计划”，或者基因序列，而是自己编写基因序列。

丘奇看完了血红蛋白培养皿的状况，他转身面对着璐菡和鲍比。对丘奇来说，这与他的合成人类细胞计划不同，不是从头开始创造生命，但对于璐菡，二者的重要性是一样的。在他们面前的样品已不再是一头普通大象的血液，而是一头被复活的已有10000岁的猛犸象的血液。

丘奇回头又瞄了一眼那排培养皿。

“少了什么东西，是吧？”

璐菡和鲍比互相看了看。

“我们还在想，您什么时候能注意到。”

“结果比我们最初设想的更复杂，”鲍比边说边陪丘奇往实验室最里面走，他们经过了处于休息状态的工作站和嗡嗡作响的通风罩，“但是，也无须白费力气做重复工作，因为我们是在加利福尼亚大学的研究基础上开始的。”

“他们比我们更早获得样本，”璐菡继续说着。这时，一旁的两个博士后正俯身在电泳机上忙活着，试图将 DNA 从细胞中分离出来，“他们可以获得能分化特有性状的干细胞，从这一个步骤开始，后面的过程就和我们是一样的。”

“我们将诱导性万能干细胞连同嵌入基因一起种到凝胶基质中，”鲍比边走边说，语气中明显透着兴奋。他尽量走在丘奇前面一点，这时，眼镜框总是从鼻梁上滑下来，“我们必须自己制造出凝胶基质，保证让它获得完全适宜的营养水平是非常困难的一件事。只要诱导性万能干细胞种入后开始茁壮成长，我们就会把样品剥离出来，并且做好移植实验的准备工作。”

他们已经把这些细胞植入到老鼠体内。璐菡不喜欢动物活体试验，不管是裸小鼠还是转基因猪。但有时候，活体试验是无法避免的，毕竟实验不能总停留在培养皿中。

三个人一起走向一个塑料和玻璃做成的动物笼子，笼子就放在工作罩下方的柜台上。璐菡已经亲自完成了在一只裸小鼠身上的实验步骤，这是一种变异品种，天生没有免疫系统。这只裸小鼠正侧躺着，现在它毫无知觉，光秃秃的小胸膛随着麻醉剂在它血管里逐渐扩散而起起伏伏。她用解剖刀在裸小鼠的后背上划了一个小切口，用微型注射器将一小片凝胶注入切口内，缝合伤口是一项精细的工作。这些裸小鼠比之前实验中的转基因猪要小得多，也虚弱得多。

“它‘出生’多长时间了?”丘奇走近笼子问。他们一行走得更近了，璐菡可以通过透明的笼壁看到裸小鼠小巧的身躯，它已经完全恢复健康，非常机灵。裸小鼠正在金属轮子里欢快地跑着，它在地图上看起来就像个圆点，还可以发出有节奏的“咯吱咯吱”声。金属互相轻击着，小鼠看起来玩得很开心。

“快两个月了，”璐菡说，“我们五个星期时就开始观察结果了，等着它变得更加显著。”

丘奇看了看她，接着快步走向了在笼子里不断跑跳着的裸小鼠跟前，璐菡和鲍比落在了后面。

离笼子很近了，璐菡满意地写下了观察日记。这只老鼠很健康，小爪子有力地转动着轮子。她的外科技术掌握得很好，小鼠背上的伤口也已经完全愈合。

“这太神奇了。”丘奇说。他的声音比文字更有情怀。

璐菡在想之前是否有人称赞一只裸小鼠令人惊奇。但是事实是这只裸小鼠再也不叫裸鼠了，虽然它的大部分身体——胃、头、后肢和尾巴——依旧没有毛，但有一部分却不是这样。

璐菡在裸小鼠身上完美地完成了手术——她插入工程细胞的那块皮肤已经在营养基质中开始生长了——而这块皮肤并没有完全裸露着。

这块皮肤上面长着亮红色的毛发。

29

越来越真实

TIME：3 年前
AD：弗兰格尔岛南部 20 公里处

下午 3:10，尼基塔·兹莫夫迎着汹涌的波涛，望着头顶黑压压的云层。云头很低，似乎已经没入了眼前的浓雾。大雾掺杂着冷冷细雨，每一丝冷风都穿过衣物，刺进皮肤，直往人的骨髓里钻。

海面波涛汹涌，海浪不住地拍击着尼基塔的船舷，船的四周到处都是形状各异的浮冰，有的只有几英尺长，而有的却比尼基塔的船还大。尼基塔伏在栏杆上往下看，海水是那么的湛蓝透亮，像一片美丽的蓝色玻璃，这样的海水似乎只有在加勒比海域上才能看到。那里的小岛上到处都能看见有钱的富商和穿着比基尼的女郎。

想到这里，他哑然失笑，那些去加勒比海滩休闲的人才不会到这种荒凉的地方来。

他从扶栏边走了回来，看了看连着小小船舱的楼梯。这艘游艇长达30英尺（约9.14米），如果没有大雾，他踮起脚尖或许就能看见游艇后面拖着的长约20英尺（约6.1米）的高速雅马哈系列救生船。因为你永远无法预料你到这么偏远的北方地区会遇到什么事情，下一步会发生什么，或许是艰难险阻，或许是重重危机，所以必须要备有救生艇。

两艘船都装满了各类物资，虽然从切尔斯基到弗兰格尔岛的最短航线约有900公里，但大部分航程都是在科雷马河上。离开科雷马河入海口之后,还要在开阔的北冰洋上航行200公里。大家都把在这段海洋上的航行称为“疯子的旅行”，尼基塔却把它当成家常便饭一样走了无数遭。当然，这也绝不是一个可以掉以轻心的航段，但在尼基塔家族里，没有人觉得这是一件特别痛苦的事情。

事实上，早在2010年8月，尼基塔就曾走过一次这段航线。那一次，他是和伯父、父亲一起出海，当时他的父亲谢尔盖55

岁，伯父维克托（Victor）58 岁，还有两家共同的一个朋友，当年 20 岁的阿列克谢（Alexei）。阿列克谢当时就在更新世公园工作，航行时，一行四人之中数这位 20 岁的年轻人最受不了旅途劳顿之苦。

上次航程和这次一样，他们是往保护园区运送物资。2010 年，他们对麝香牛做了杂交育种，早在 35 年前，他们就用牛、巨型羊、还有山羊杂交培育了一群规模不大的新物种。最后，这种新物种被引入弗兰格尔岛，岛民们开始饲养它们，因为这种杂交动物的肉可以食用，还能挤奶，而且可以作为畜力使唤。谢尔盖·兹莫夫注意到，麝香牛有角，个头非常强壮，皮毛暗黑，非常适应这里不断扩大的动物栖息地。此外，他们已经达成了一项协议，送 6~10 头麝香牛到更新世公园，以便让园区的物种变得更丰富些。

尼基塔上一次的弗兰格尔之行是非常愉快的，但一路上也受了不少苦。单在被海冰封锁的小岛周围寻找停靠点，登上海岸就多耗费了几天时间。在浮冰与浮冰之间前行哪怕一小段都非常困难，游艇的引擎好几次出现了故障，又遭遇了几场暴风雨，直到最后，大家都精疲力竭。返航的过程似乎更加艰难，他们需要处理各种突发情况并照顾这群随时想逃出船舱的麝香牛。当然，这并没有像运送一群狂怒的麋鹿穿过俄罗斯大陆那么糟糕，那段航程中，尼基塔不得不喝大量的伏特加酒以使自己能够继续艰苦的航程。这些酒就藏在上次与他妻子和另一个孩子顺江旅行时留在船上的尿布箱里。

这次航行中，尼基塔也只有不断地喝伏特加才能保暖、提神。航程刚开始的时候很顺利：科雷马河上的前 90 公里路程，海面平静而祥和，几乎没有一丝浪花。两艘快艇划过蓝玻璃般的水面，就像一把锋利的剃刀划过父亲长长的胡须一样。

总算到了河尽头的最后一个海港，他们又可以畅饮庆祝了。但这次和他一起喝酒的只有尼基塔和他的搭档两人。搭档是一个年轻的西伯利亚人，他和尼基塔，还有尼基塔的父亲在科考基地工作。他们走完通往海岛的一半航程只用了三天时间，有时他们还会停下来欣赏浮冰，观察浮冰中央的一只快乐、肥硕无忧无虑晒着太阳的海豹。

到了距离弗兰格尔岛 30 公里的地方，他们终于遇到了极大的困难，就像上次旅行一样，他们发现这座岛被厚厚的，几乎无法逾越的冰块包围着。

第一个晚上，他们不得不把两艘船捆绑固定在一起，在冰上休息等待。直到第二天早上，他们才前行了一点，但到了晚上的时候，由于四周涌动的浮冰，他们不得不再次停下来将两艘船捆在一起过夜。

第三天早上，他们一觉醒来就看到了极其壮观的场面，船边聚集了一大群海象，离船舷很近，这些聚拢的庞大动物看着让人十分震撼。尼基塔几乎不敢相信自己的眼睛，他怀疑自己是不是酒喝多了出现了幻觉，就像古时候的水手那样，觉得眼前一定是海妖或者是美人鱼。

第四天，浮冰仍然没有挪动，他们和海象仍然被困在原地，尼基塔只好在船舱里的一张小床上蜷缩了整整一天。船舱里共有四张小床，上次航行中，两张都用来堆放为麝香牛准备的干草了，尼基塔和他父亲睡在睡袋里，四周堆满了给麝香牛的饲料。

与此同时，谢尔盖已经回到了切尔斯基，他正在为货船返航做些准备，他可不愿看到尼基塔空手而归。谢尔盖和尼基塔都看到了之前的邮件，但他仍然不能相信那个冰天雪地的岛上会有什么好事等着他们。

谢尔盖·兹莫夫是个性格复杂的人，他笃定地相信科学，但他却又能直面现实。他和尼基塔尽全力使他们与世隔绝的实验室能与时俱进，不落后于别人。他们非常了解韩国和俄罗斯同行开展的克隆猛犸象的相关研究动态。尼基塔在干草原上曾看过许多冰冻的猛犸象尸体，它们给这些地区带来了巨大的经济利益。实际上，当时这些地区的居民大多只有两种类型的工作——寻找和修补猛犸象象牙。21 世纪初，找象牙的人数远远超过修补象牙的，许多当地人甚至为了赚更多的钱不断地往更北方走。

兹莫夫认为这种转变是有文化根源的。西伯利亚地区的人们不喜欢每天都工作，他们更喜欢每年只工作一周，剩下的时间里什么也不用做。兜售猛犸象象牙带来的丰厚利润正好迎合了他们的需求，同时这也引发了现如今的“淘金热”。

尼基塔发现韩国人这个时期也是如此——他们充分抓住“淘金热”的机会，挖掘冰层里的猛犸象尸体，想尽一切办法把这些古老的死亡机体组织变成诱人的金钱。

乔治·丘奇和他的实验室进行的科学研究是与众不同的基因工程，而不是炼金术。尼基塔非常赞同他们的努力方向和研究内容，并对预期持有非常乐观的态度。

兹莫夫并不是在创造猛犸象，他们也并不想设法复活一个物种，他们是要还原整个生态系统，猛犸象只是他们伟大宏图中的一个小小环节。

又一天过去了，海象们游走了，终于，浮冰的交错腾出了足以让它们再次行进的空间。大约航行了十公里，他们遇到了一整块大浮冰，比他们的游艇还大两倍多。浮冰中央，一只孤零零的北极熊警惕地看着他们经过这儿。尼基塔再次站回了船头，本能地把手搭在了身后，他的腰间佩带着一把大猎刀。但就在一瞬间，他为自己的行动感到可笑，心里不由地想，疯狂的俄罗斯人啊，你要用猎刀对北极熊做点什么呢？

弗兰格尔岛上北极熊随处可见，上次旅行中，他父亲差点就枪杀了一只靠得太近的北极熊，但是尼基塔阻止了他。既然他们的目标是恢复苔原的动物种群，那么杀死一头北极熊无疑是错误的做法。

“不能杀熊，难道要等着这只熊吃了我们吗？”父亲笑着说。

经过浮冰后又航行了几个小时，他们发现了一条非常畅通的通往极北地区的路。

他逐渐能分辨出淡灰色雾气中若隐若现的小岛了。在最近的海岸边，一大堆生了锈的铁桶被胡乱地堆放在崎岖不平的石坡上。它们看起来和上次旅行中看到的一样，他猜想那里面装着某种工业废料。这让他想起苏联解体前确实曾在偏远的岛上建立过基地。在铁桶后面，他发现了两个树桩，那是疾风暴雨一遍遍肆虐留下的痕迹，暴风的速度甚至可以达到 100 公里 / 小时。

树桩后有一个小村庄，大约有 14 户人家，其中一间房子里有一个谷仓。2010 年，尼基塔和他的父亲就在那里找到麝香牛，他把这些幼小的动物用绳子系在一起，把它们装好然后弄上船，这真是一个让人筋疲力尽的工作。

29

今天，他们来弗兰格尔岛并不是为了捆绑麝香牛的。

“尼基塔，看到了吗？”

尼基塔的西伯利亚船员从船舱里走了出来，手指指向前方，尼基塔顺着他指引的方向望去，从村头最后一座房子看起，顺着一条缓坡，一直到海岸线。雾太浓了，看不到任何其他东西，尼基塔原想着这里还有其他树桩和铁桶。除此之外，还有一个不大的木质建筑物，可能是一个临时码头。然后，在斜坡的最高处，有一个又大又圆的东西，好像是……

尼基塔停顿了一下，他盯着这个东西看着。

那个身影竟然在动。

“尼基塔……”

“我看见了。”尼基塔自言自语地说。

他甚至不敢相信，更确切地说他不知道是否应该相信眼前所看到的一切。

雾还是太浓，他不敢完全确定眼前的动物到底是什么，或许是其他的什么物种，一头巨大的麝香牛，一头海象或者是一头熊。

过去的一年里，尼基塔和父亲所读到的信息几乎没有涉及任何真正的进展，没有任何消息传到他们偏远的孤岛上。大多数情况下，他们之所以孤陋寡闻都是他们自己造成的，他们没有经常到处走走，他们也没有和外界保持必要的交流。他们的英语不是很好，韩语更差。

但是，尼基塔却知道几乎所有的研究方法，不同的团队在为同一个目标奋斗着。作为科学家就必须这样，科学研究就是一场永远争夺第一的战斗。第一意味着荣誉、奖励、荣耀，以及创造历史的辉煌。是的，但更重要的是，第一意味着募集更多研究资金时会更有优势，因为，成为第一可以改变世界。

过去，弗兰格尔岛从来没有诞生过任何“第一”，相反，这里什么都是“最后”。

而尼基塔，像他父亲一样，他喜欢这座岛，但却从未真正关心过谁会第一个到达这里。

无论如何，他们终于到这儿了。

他屏住呼吸，随着船靠得越来越近，浓雾也渐渐消退，那个庞然大物也越来越清楚，越来越真实。

尾　声

乔治·丘奇

TIME：2017 年 1 月 24 日
AD：地球上空 11 公里处，
温度：-56℃，
风速：830 公里 / 小时

在比海拔 8800 多米的珠峰还高的云层中，一架波音 737 飞机上坐着一位合成生物学家。此时，他显然有些头昏脑涨，恍惚中满脑子想的都是会飞的猛犸象（多么离谱）。这些胡思乱想一定是因为他被反反复复问到一些关于“飞猪”（多么荒唐）和侏儒猛犸象（多么矛盾）的问题。然而，究竟是什么让我们创造不出这些新物种，甚至其他神奇的动物呢？让我们从既有的案例和记载谈起，当然，可能也会涉及其他。鸟类能飞到的最大高度和波音 737 的最大爬升高度差不多，分布在非洲中南部地区的黑白兀鹫（一种濒临灭绝的物种）甚至可以飞到距离地面 1130 米的高空。目前我们了解到的飞行速度最快的现存动物是游隼，它的飞行速度可以达到 320 公里 / 小时，虽然比波音 737 飞机慢一些，但也非常快了，何况飞机的俯冲算不上是真正意义上的飞行。

史上最庞大的飞行动物是风神翼龙，体重达 200 公斤。据估算，风神翼龙能够在 4500 米高空以 129 公里 / 小时的速度持续飞行十天。普通的猪体重可以达到 300 公斤，而最小的迷你成年猪的重量却只有 25 公斤。因此，体重最小和最大的猪在飞行高度上一定存在很大差异。蝙蝠的形态遗传途径可以移植到猪（或者大象）的基因组内以拉长它们的前肢——事实上现存的猪鼻蝙蝠就是一个很好的例子。

动物的浮囊可以储存多达 75% 的氧气，这比正常情况下空气中 21% 的氧气含量高得多。此外，许多微生物的主要代谢产物是氢气。所以，一种体形庞大的动物，一旦它们轻薄的浮囊里充满了氢气（非空气或氧气），那么它就能像飞船一样飞起来。但问题在于，它们可能会随时被荆棘刺破或者被冬季的静电点燃。

那么会飞的猛犸象情况又会如何呢？塞浦路斯的侏儒象（塞浦路斯象属）早在 13000 年前就灭绝了。这种成年侏儒象的体重仅有 200 公斤，接近风神翼龙的体重，而且它的翅膀还会增加额外的重量。尽管如此，与最大的大象——重达 22 吨的猛犸象相比，侏儒象的体重还是轻很多。

侏儒象是岛上动物进化现象里常见的一个例子，很多大型动物进化为更小型的动物，同时，一些小型动物也进化成了更大型的动物。体型小不仅仅意味着可爱或是宜于飞行，往往也意味着体型与发育和衰老的速度相一致。老鼠刚出生时重约1克，从受精卵到出生仅需要20天，而大象的孕育需要22个月，而且出生时体重可达到100公斤。所以，如果能把大象从卵子开始到胎儿出生的过程缩短成20天，这对科学研究来说就是一件意义非凡的事情。

许多基因学专家（尤其是研究人类基因变异的专家）认为人的体型特征并不是简单由基因决定的，也并不容易人为改变。但是，大量遗传因素和环境因素的复杂性也有可能很大程度地影响到单个被篡改的基因。例如，给人类生长激素（或者人类生长激素的受体）增加单基因会造成人高矮不同，它也被临床用于治疗各种疾病。例如：特纳综合征、慢性肾衰竭、普拉德-威利综合征、宫内发育迟缓、特发性矮小症，以及艾滋病引发的肌肉消耗症。

在这里出现了一种非常有趣的现象，被称作“佩托悖论”，即大象和鲸类动物（如蓝鲸体重180吨）虽然比老鼠或类似的生物（如成年伊特鲁里亚鼩鼱体重仅1.8克）要大1亿倍，体型大的动物比体型小的动物似乎更加能够抗癌和抗衰老。然而，每次细胞分裂（复制）的时候，都可能发生变异，使其无限制地开始裂变，这通常也是癌症的开始，所以1亿倍的细胞数量也可能意味着非常高的患癌率。一部分人把这种现象合理解释为特定生态系统的需要，例如那些体型小、容易被捕食的动物一窝产仔数量很多，妊娠期较短，如老鼠一窝产仔通常可以达到12只，妊娠期也仅需20天，所以从这个角度看，达尔文的物竞天择理论是有些逻辑漏洞的。

缩短寿命的方法有很多，但是超长寿命背后的机制是什么呢？人类又是否能够从中受益呢？吴昭婷实验室发现了一个可能与大象生物学有关的有趣现象——哺乳动物基因组的某些区域，亦称为极端保护因素（即UCE），在正常的发展和进化中几乎稳定不变，但它诱发癌症的情况却复杂多变。吴昭婷实验室正在测试是否能利用这些UCE来降低基因突变的致癌率和衰老速度，或者辐射引发的健康问题。

在计划全新生命形态的早期阶段，我们应该秉持人道主义原则对待人类和动物。虽然人类和人类活动是自然的一部分，但自然作为物质形态，其存在其实是早于人类的。自然不一定是善良仁慈的，正如我们在本书第24章、26章中看到的那样，它能够引发大象疱疹病毒（EEHV）和天花等疾病。所以如果我们能彻底根除这些病毒，人类和动物的生活必然会更快乐，寿命必然会更长久。这个道理同样适用于极端保护元素（UCE）和疼痛路径等问题。在理想条件下所有的过程性步骤都应该符合人道主义。一个有趣的问题是这些基因改良生物体是否可以和“转基因”一样用相同方式进行管控，在部分国家，“转基因”和“有机食品”均被明令禁止。它们之间的主要差异是：转基因在差距大的物种中引进了整个基因，而“顺基因”（cis-genics）则是在常见的突变物种和杂交物种中发生了较小的变化。美国农业部已经批准了30多种“顺基因”的改良生物可以不受常规转基因定义的限制，这对我们阻止大象或其他物种灭绝，并让它们自在生活的研究活动意义极大。

另一个常见问题是，迄今为止，我们是否在70万年前的历史问题上取得突破性进展，获得古生物的DNA，尤其是恐龙的DNA？一些古蛋白质里的信息通常比古DNA里的信息保存得更为完整。人类已经用电子显微镜学、免疫学试验、质谱分析法、傅里叶变换红外光谱对蛋白质进行了研究。2017年，有报道称，人们从1.95亿年前的一种蜥脚恐龙（禄丰龙）的肋骨中得到了最古老的生物信息（相比之下，雷克斯霸王龙生活的时间距离我们更近，仅生活在6700万年前）。获取古老生物信息的另一种途径是比照现存物种的基因组。科学家贝土尔·卡查尔（Betül

Kacar)、莉莉·德兰(Lily Tran)、葛学良、苏巴纳·桑亚尔(Suparna Sanyal)和艾瑞克·高雪(Eric Gaucher)等在2016年复活了一个7亿年前的蛋白质，并以“EF-TU”命名，他们还通过对比现存生物的DNA推断出了它的蛋白质序列。这是目前人类发现的最古老的生物信息。

短短几年后，外表和行为都酷似恐龙的物种(最好是食草类)能否出现呢？比对现有的鸟类和爬行动物的基因组，以发育生物学的视角来研究恐龙、鸵鸟是一个很好的研究起点。从物种演化的可能性上说，鸟类进化出牙齿和前爪是非常可能的，要么是鸟类基因出现细微的突变，要么用现存物种(如短吻鳄)的对应基因来替换鸟类祖先们已经失去的基因。与此相似，我们正在研究如何创造出长有长尾，但身体上却没有羽毛的鸟类。鸵鸟脚上的鳞片与它的羽毛具有相似的起源。许多基因突变会转化为对应的不同机体组织——例如，果蝇突变体中，它的触须能转变成腿(基因学上称之为触角足突变)。只需要四个诱导基因，已经衰老的成年老鼠细胞就可以转化成和幼胚一样的细胞。这些例子证明，研究者们可以找到基因突变的根源并对其进行优化，将所有产生鸵鸟羽毛的细胞转变为产生鳞片的细胞。

与恐龙研究不同的是，我们掌握了关于猛犸象(生活在500万到5000年前)的大量DNA信息。和大多数现代科学一样，这也是一项团队工作，很多成员之间甚至没有直接交流和沟通。目前，我们使用了四个猛犸象基因组进行比对，一个来自于西伯利亚东北部，距今已有 44800 年；一个距今 4300 年，来自于弗兰格尔岛［由以下科学家提供：埃尔菲达·帕尔科普卢（Eleftheria Palkopoulou），斯瓦潘·马里克（Swapan Mallick），彭图斯·科格兰德（Pontus Skoglund），雅各布·恩克（Jacob Enk），纳丁·罗兰德（Nadin Rohland），李恒，阿卡·奥拉克（Ayca Omrak），谢尔盖·瓦坦尼安（Sergey Vartanyan），亨德里克·波因（Hendrik Poinar），安德斯·戈瑟斯特罗（Anders Götherström），大卫·赖克（David Reich），莱芜·达勒恩（Love Dalén）］；同时，还有来自 2 万— 6 万年前的基因组——［由以下可科学家提供：文森特·林奇（Vincent Lynch），奥斯卡·贝多亚·瑞纳（Oscar Bedoya-Reina），阿克罗什·拉坦（Aakrosh Ratan），迈克尔·苏拉克（Michael Sulak），丹妮拉·德劳兹·摩西（Daniela Drautz-Moses），乔治·佩里（George Perry），韦伯·米勒（Webb Miller）和斯蒂芬·舒斯特尔（Stephan Schuster）］。我们将它们与另外三个亚洲象的基因组进行比较，并将它们放在其远亲（有详细标注的）——非洲象参照基因组的环境中进行对比。我们正在寻找的基因变异（猛犸象特有的）存在于四个猛犸基因组中，亚洲象基因组中却没有。

凯文·坎贝尔（Kevin Campbell）、艾伦·库珀（Alan Cooper）和其他同事们分析了被称为血红素的猛犸象血液蛋白质。它们一开始分析了亚洲象的 HBB/D 基因（由奥帕索，斯隆，坎贝尔，斯托兹等提供），在全部 2100 个碱基对中，只发现了三处出现了变异，同时也只有这三处需要在氧交换中恢复耐冷性。这三处变异碱基对用下划线和粗体作为标识，从 A 到 G，从 G 到 T，从 G 到 C，尽管 80% 的区域（小写字母）没有为血红蛋白指定遗传密码子，但所有的变异碱基对都在指定遗传密码子区域内（大写和方括号中的字母）。通过本书，你已经对此了解了很多，那么就应该看看下方真正的猛犸象 DNA（这组 DNA 与在第 9 章中提到的假恐龙 DNA 完全不同）。

我们可以一次性编辑大象基因组的一个 DNA 碱基对（例如用 CRISPR 基因编辑技术），或者我们可以同时整体替换所有

ttctgggcctcagtttcctcatttgtataataacagaattggagagtaaattct-
taagaggcttaccaggctgtaattctaaaaaaaatgcataaataaacttgc-
caaggcagatgtttttagcagcaattcctgaaagaaacgggaccaggagata-
agtagagaaagagtgaaggtctgaaatcaaactaataagacagtcccagact-
gtcaaggagaggtatggctgtcatcattcaggcctcaccctgcagaac-
cacaccctggccttggccaatctgctcacaagagcaaaaagggcaggac-
cagggttgggcatataaggaagagtagtgccagctgctgtttacactcact-
tctgacacaactgtgttgactagcaactacccaatcagacacc[AT-
GGTGAATCTGACTGCTGCTGAGAAGACACAAGT-
C**A**CCAACCTGTGGGGCAAGGTGAATGTGAAAG

AGCTTGGTGGTGAGGCCCTGAGCAG]gtttgtatctag-
gttgcaaggtagacttaaggagggttgagtggggctgggcatgtggaga-
cagaacagtctcccagtttctgacaggcactgacttcctctgcaccstgtg-
gtgctttcaccttcag[GCTGCTGGTGGTCTACCCATG-
GACCCGGAGGTTCTTTGAACACTTTGGGGACCT-
GTCCACTGCTGACGCTGTCCTGCACAACGC-
TAAAGTGCTGGCCCATGGCGAGAAAGTGTT-
GACCTCCTTTGGTGAGGGCCTGAAGCACCTG-
GACAACCTCAAGGGCACCTTT**G**CCGATCT-
GAGCGAGCTGCACTGTGACAAGCT-
GCACGTGGATCCT**G**AGAATTTCAGG]
gtgagtctaggagacactctatttttcttttcactttgtagtctttcactgtgat-
tattttgcttatttgaatttcctctgtatctctttttactcgactatgtttcatcatttagt-
gtttttcaacttataccattttgtattacttttctttcaatattcttcctttttcct-
gactcacattcttgctttatatcatgctctttatttaatttcctacgtttttgctctt-
gctctccctttctcctagtttccttccctctgaacagtacccaaattgtgcatac-
cacctctcgtccactatttctgcactggggcaaatccccacccctcctccatat-
gagggttggaaaggactgaatcaaagaggagaggatcatggtgctgttctagag-
tatgtgattcatttcagacttgaaggataacttgaataatataaaatcaggagta-
aatggagaggaaagtcagtatctgagaatgaaagatcagaaggtcatagacga-
gatggggagcagaagttactaagaaactgaccattgtggctataattaatcact-
taattagttaattaatatgtttgttatttattcacgtttttcattttggtgggagta-
aatttgggctagtgtgtgggcaacataaatgggtttcaccccattgtctcagag-
gccaagctggattgctttgttaaccatgtctgtgtatgtatctacctcttcccca-
tag[CTCCTGGGCAATGTGCTGGTGATTGTCCTG-
GCCCGCCACTTTGGCAAGGAATTCACCCCAGAT-
GTTCAGGCTGCCTATGAGAAGGTTGTGGCAGGT-
GTGGCGAATGCCCTGGCTCACAAATACCACTGA]
gatcctggcctgttcctggtatccatcggaagccccatttcccgagatgc-
tatctctgaatttgggaaaataatgccaactctcaagggcatctcttctgccta-

ataaagtactttcagctcaactttctgattcatttattttttttctcagtcactctt-
gtggtgggggaagttcccaaggctctatggacagagagctcttgtgcct-
tataggaaaagttcaagggaaattggaaaataaagggaaccatacaca-
gatattaatgggaacaattctacttcaaaggcataaagattgggaaggtttg-
gcaaataggatactggtactacagggattccatgggcctcaggcctaaga-
catagccccagggctaactttcagattcaattccagaaattactcacaaaataatgga

多达2100个碱基对来实现这三种变化——甚至可以一次性改变一百万个碱基对。至少有三组科研团队（分别由哈佛大学、克雷格·文特尔研究所、纽约大学）早已开始在巨碱基范围内改变基因组片段了。因为可编辑的碱基对范围越来越大，科学家们越来越容易获得全新的基因组序列，原来的基因剪辑技术如今更像是基因编译技术了。3000个这样的巨碱基片段足以囊括整头大象所有的基因组，这样，科学家们就可以彻底转化整头猛犸象的基因组。如果想要一头抗寒的大象，我们只需要对大象的几十个基因组做出细微改动就可以达到目的。实际上，随着科技成本的降低，我们常常会做出多种尝试，甚至会像强迫症患者一样无休无止地尝试下去。如果我们在基因组工程上能取得如此成就，那么对未测序的基因组，还有表观基因组和微生物组，我们又能取得什么样的成就呢？

古生物DNA解码专家一直以来都认为对整个古生物基因组进行测序的做法不可取。如今看来，这个论断是比较合理客观的，因为目前人们并没有完成对任何哺乳动物的基因组进行完整测序，甚至对任何现存物种（包括人类）也没有。古生物 DNA 被用放射物切割成以细胞为单位的成百上千万个碎片，这让测序更是难上加难。贝丝·夏皮罗（Beth Shaprio）在其 2015 年出版的《如何克隆猛犸象》（*How to Clone a Mammoth*）一书中说道，“我们无法知道已灭绝物种的完整基因组序列，所以从零开始合成完整基因组的做法并不可行”。斯凡特·派伯（Svante Paabo）在 2014 年登载在《纽约时报》的专栏文章《尼安德特人也是人》（*Neanderthals Are People Too*）中说道，“由于保存在古代骨骼中的 DNA 已经退化为碎片，我们无法辨别这些反复出现的序列来自于哪些副本，也就无法重新构建尼安德特人基因组的正确排序方式”。

但现在有一种另辟蹊径的绝好契机。试想有一种能干净利索地将一大张二维纸板图切割成一百万个拼图式碎片的仪器，同时，所有的碎片还能保持有序状态并且能够识别。接着，仪器将这些碎片重组成一个盒子来销售，这样，拼图变得很难组装并识别。所以如果你可以在切割之后，重组之前观察、研究这些碎片，那么拼图就很容易被识别。目前，吴昭婷实验室开创了一种极其先进的方法，称为“寡核苷酸构图法”（和原位测序法相关），我们希望很快就能把这种理念应用到古生物突变基因组研究中去，可以通过使用化学“固定剂”和抑制聚合物将碎片固定在原位，然后用荧光显微镜扫描清晰的三维细胞。

那么，难道我们已经失去了猛犸象的微生物群吗？难道我们研究大象体内各种病毒、细菌的能力不够吗？抑或我们体内的真菌太过低级吗？值得一提的是，自从16世纪以来，随着天花疫苗在中国的出现，人类就在不断地改变这些并不那么显眼的庞大生物群体的基因结构。如今，对整个身体生态系统的改造技术已经非常先进成熟，其发展过程中也涌现出了大量的生物科技公司，如Seres、SynLogics、AOBiome、Fitbiomics、Holobiome等。我们研究和利用现代大象的微生物群，而这些大象和其他食草动物一样，可以在雪地里觅食、追逐嬉戏。

最后，难道表观基因组远比失去的基因组DNA和微生物组更复杂吗？我们可以通过古猛犸象的各种身体组织DNA的甲基化胞嘧啶碱基来解码表观基因组最重要的部分。就像特征迥异的犬种之间（例如体型的九百倍范围）具有可兼容的表观基因组一样，我们也可以充分利用与猛犸象可实现基因杂交的亚洲象的表观基因组。无论是进行基因组编写还是编辑，我们只需要改变一小部分大象基因组，使其与猛犸象的DNA相同（如上例中2100个碱基中的3个），而且，我们留有充足的时间以确定表观基因组扩散到新细胞DNA中。此外，在工程基因组进入多能胚胎或受精卵中以创造转基因大象胎儿的过程中，大部分表观基因组都会被重新组合。

关于复活猛犸象的未尽之言

斯图尔特·布兰德

复活猛犸象，还原适宜它们生存、气候稳定的广阔草原是一项最为宏大的野生物保护计划，由赖安·费伦和我在加利福尼亚州的复活与还原公司负责执行。这是一家非营利性公司，多亏乔治·丘奇的优秀团队的支持，他们将已灭绝物种的基因进行编辑，转变为现存近亲物种基因的工作无疑在该研究领域是领先的。他们的科研工作是前景光明的，也是具有突破性的。因此，这种具有高曝光率、概念性的实际案例将向生物保护学家和大众展现出：一个如此强大的生物技术正在被应用到野生动植物保护中。

尽管如此，复活猛犸象并让他们回归野生状态必将耗费几十年甚至一个世纪的时间。首轮正确识别和编辑猛犸象属胚胎的所有基因组需要耗费时间。成功培育一个人工子宫并由亚洲象夫妻抚养长大需要耗费时间。一头成年雌象从出生到性成熟需要 15 年之久，之后要 22 个月才能生产下一代雌象。让他们适应极北地区的环境也要耗费时间，尽管从生活在安大略湖动物园中的亚洲象可以看出它们本身是喜欢雪的。分多个阶段将基因重组的猛犸象投放到极北地区的原野中更要耗费时间，是在俄罗斯还是加拿大放归呢，或者是在两个国家同时进行？研究过程中的每一步都可能会带来令人振奋的消息，而每一步都困难重重。

同时，复活与还原公司还在研究更容易操作的灭绝动物复活途径，只要有慧眼独具的充分资助，第一只“代”旅鸽（已灭绝）就可以在 2022 年复活。它们只需 7 个月就可以性成熟，因此截至2032年就可能有成群的旅鸽可以被投放到野生环境中。同时，一种已灭绝的松鸡科鸟类——石南鸡也可以被复活并作为先锋物种用于培育其他鸟类（以一项成熟而先进的原生胚芽细胞技术为依据，石南鸡的基因非常接近家养鸡）。

很多其他已灭绝物种是复活计划的主要对象。塔斯马尼亚岛应当可以迎来它的顶级掠食者——袋狼的回归，袋狼曾享有“塔斯马尼亚之虎”的美名，20 世纪 30 年代因过度狩猎而灭绝。

在新西兰闻名遐迩，类似鸵鸟的恐鸟也可以被复活。在欧洲，所有牛类的先祖——意义重大的欧洲野牛（早在 1627 年就已经灭绝）也将被复活。整个大西洋北部曾遍布着一种不会飞的、类似鸽子的鸟——大海雀的身影，直到 1852 年，最后一群大海雀被猎杀，人类也可以通过其近亲海雀将它们复活。还有需要复活的北美洲物种有五彩卡罗莱纳长尾鹦鹉（灭绝于 1918 年），和已推定灭绝了的“上帝”鸟——象牙喙啄木鸟，所幸的是这些物种的基因在博物馆标本中都被完整地保存了下来。

复活已灭绝动物是一件激动人心的事，但这仅仅是基因技术能够为保护野生动物所贡献的一小部分。许多残存的野生动物和人工繁殖动物正面临“灭绝旋涡”，由于近亲繁殖的影响，它们的健康状况开始加速恶化。美国最可能濒临灭绝的哺乳动物——黑脚雪貂也正面临着这一困境。这也是复活与还原公司、美国鱼类与野生动物保护组织、圣地亚哥冰冻动物园，以及英创松生物科技公司联合研究将两只 35 年前低温保存了机体组织的雪貂进行复活的原因。在复活和繁殖过程中，他们将通过把种群数量由目前起始的 7 只增加到 9 只的途径来丰富雪貂的基因库。然而，在博物馆的标本中也可能发现进一步的基因多样性，这些标本中发现依然存活的健康基因变体在现存的雪貂中已不复存在。如果这一方法有效，那它将可以运用到多种濒临灭绝物种中，它们需要雪貂已恢复健康的变异性基因库。

大量野生动植物群受到一些异域疾病的极大威胁——青蛙的壶菌、黑脚雪貂的森林鼠疫、夏威夷姚金娘花树的枯死病、夏威夷森林鸟类疟疾，等等。抗病能力能否被巧妙地植入这些物种的基因里呢？这项技术早在20世纪初就被40亿棵因枯死病而死亡的美国栗子树中成功应用。纽约州立大学的科学家们引入了一种从小麦中提取的抗菌基因到患有枯死病的栗子树中。经过基因改良的栗子树正在接受政府监管者们的审批。另一种方法可以对夏威夷森林的鸟类疟疾起作用，夏威夷森林的异域疾病是由一种外来带菌侵略者——致倦库蚊造成的。致倦库蚊也能传播一种人类疾病，叫西尼罗河病毒。几项现有的基因技术能用来消灭来自岛上的蚊子，从而达到即时保护所有鸟类（人类）的目的。

能够涵盖所有项目的（未来还会增加）术语是“基因援救”。正常情况下，野生种群为了克服困境会不断演变进化，但是人类短期内面临着众多的挑战，演变进化无法在短时间内产生对所有困境的适应性。生物保护学家把我们所做的事情命名为“提升适应速度”。这个过程包含了严谨的染色体分析，最小限度的基因调整，以及在各个层面对生态系统和个体基因进行持久监测等的过程。我们的目标是通过精确地增强基因的生物多样性来恢复生态的生物多样性。

在复活与还原公司的计划中，我们发现有人为了复活猛犸象而来，但是却为急需帮助的雪貂、青蛙和栗子树而留下。你可以通过网址 reviverestore.org 查询更多关于我们的信息，也欢迎你们带着与项目有关的技能或资源来加入我们。

致　谢

首先，很感谢乔治·丘奇（George Church）、吴昭婷（Chao-Ting Wu），以及他们的女儿玛丽（Marie）能慷慨地将他们的时间和故事赐予我。于我而言，这本书是真爱的结晶，故事本身也是我毕生苦苦追寻的类型。我对丘奇博士、他的家人，以及他为使世界变得更美好而做的一切怀有崇高的敬意。同样，我非常感谢斯图尔特·布兰德（Stewart Brand）和赖安·费伦（Ryan Phela）这两位真正的大众楷模，以及谢尔盖（Sergey）和尼基塔·兹莫夫（Nikita Zimov），他们献身于冰天雪地的冻土地带，为我们所有人的幸福终日奋斗着。我也感谢“复活者”团队——杨璐菡（Luhan Yang）、鲍比·达哈德（Bobby Dhadwar）、贾斯廷·奎恩（Justin Quinn）和马戈·蒙罗伊（Margo Monroe），没有他们，就没有这本书。

同样，我很感激奥斯卡·夏普（Oscar Sharp），很荣幸能在早期与这件事产生关联，它无疑将成为一项伟大的创举。我也非常感谢马丁·鲍恩（Marty Bowen）、约翰·费斯特（John Fischer）、达里亚·切克（Daria Cercek）、乔诺·查宁（Jono Chanin），以及20世纪福克斯电影公司（Fox）和美峰娱乐公司（Temple Hill），他们将根据这个故事制作一部非常震撼的电影。

我非常感谢莱斯利·梅雷迪斯（Leslie Meredith）和彼得·伯兰（Peter Borland）这两位出色的编辑，以及丹妮拉·韦克斯勒（Daniella Wexler）、大卫·布朗（David Brown）和出版社所有帮助过我的人。他们让我的梦想之光——《又见猛犸象》照进了现实。同时，我也感谢埃里克·西蒙诺夫（Eric Simonoff）和马修·斯奈德（Matthew Snyder），他们是非常杰出的文学经纪人。

一如既往，我感谢我的父母、兄弟，以及他的家人们。对于汤娅（Tonya）、亚瑟（Asher）、艾莉亚（Arya）和巴格西（Bugsy）来说，他们一直都急切地等待着《又见猛犸象》面世的那天。

我相信猛犸象终将再次在西伯利亚平原上漫步。

参考书目

Abbasi, Jennifer. "Pioneering Geneticist Explains Ambitious Plan to 'Write' the Human Genome." November 2016. *JAMA*.

Abbot, Alison. "The quiet revolutionary: How the co-discovery of CRISPR explosively changed Emmanuelle Charpentier's life." April 2016. *Nature*.

Austen, Ben. "Stewart Brand: The Last Prankster." March 2013. *Men's Journal*.

Baer, Jake. "This Korean Lab has nearly perfected dog cloning, and that's just the start." September 12, 2015. *Business Insider*.

BEC Crew. "150 Scientists just met in secret to discuss creating a synthetic human genome." May 16, 2016. Sciencealert.com.

Bretkelly, Jody. "Old Bunkhouse now welcomes both human guests, birds." February 5, 2015. Sfgate.com.

Brown, Katrina. "Mammoth Jurassic Park may be under development in Northern Alberta." March 27, 2014. Imgism.com.

Church, George. *Regenesis: How Synthetic Biology Will Reinvent Nature and Ourselves*. April 2014. Hachette Book Group.

Cyranoski, David. "Cloning Comeback." January 14, 2014. *Nature*.

Dean, Josh. "For 100,000, You Can Clone Your Dog." October, 22, 2014. Bloomberg.com.

Dutchen, Stephanie. "No Escape." January 21, 2015. *HMS* (Harvard Medical School) *News*.

"Elephants Learn from Others." Elephantvoices.org.

Grant, Bob. "Credit for CRISPR: A Conversation with George Church." December 29, 2015. *The Scientist*.

Hall, Yancey. "Coming Soon: Your personal DNA map." March 7, 2006. *National Geographic*.

Harmon, Amy. "Fighting Lyme Disease in the Genes of Nantucket's Mice." June 7, 2016. *New York Times*.

Hays, Brooks. "Woolly Mammoth DNA successfully spliced into elephant genome." March 25, 2015. UPI.com, *Science News*.

Honeyborne, James. "Elephants Really Do Grieve Like Us." January 30, 2013. DailyMail.com.

Kalb, Claudia. "A New Threat in the Lab." June 9, 2005. *Newsweek*.

Kazutoshi Takahashi, Koji Tanabe, Mari Ohnuki, Megumi Narita, Tomoko Ichisaka, Kiichiro Tomoda, Shinya Yamanaka. "Induction of Pluripotent Stem Cells from Adult Human Fibroblasts by Defined Factors." November 30, 2017. http://ac.els-cdn.com/S0092867407014717/1-s2.0-S0092867407014717-main.pdf?_tid=492ac6ac-2e8e-11e7-adc3-00000aacb360&acdnat=1493657610_316226a04082e8a7db2290a1252e6bf4.

Klinghoffer, David. "An Apology for Harvard's George Church (of Neanderthal baby fame?)." January 23, 2013. EvolutionNews.org.

Larmer, Brook. "Of Mammoths and Men." April 2013. National Geographic.com.

Lewis, Danny. "Last Woolly Mammoths Died Isolated and Alone." May 8, 2015. *Smithsonian Magazine*.

Lewis, Tanya. "Woolly Mammoth DNA Inserted into Elephant Cells." March 26, 2015. Livescience.com.

Miller, Peter. "George Church, the Future Without Limit." June 2014. *National Geographic*.

Mullin, Emily. "Obama advisors urge action against Crispr Bioterror threat." November 17, 2016. *MIT Technology Review*.

Nickerson, Colin. "A quest to create life out of synthetics." April 2, 2008. *Boston Globe*.

Pollack, Andrew. "Jennifer Doudna, a Pioneer Who Helped Simplify Genome Editing." May 11, 2015. *New York Times*.

Pollack, Andrew. "Custom-made Microbes, at Your Service." January 17, 2006. *New York Times*.
Saletan, William. "The Healer." October 2012. Slate.com.
Scudellari, Megan. "How IPS cells changed the world." June 15, 2016. *Nature*.
Seligman, Katherine. "The Social Entrepreneur: Ryan Phelan's controversial new venture . . ." January 8, 2006. Sfgate.com.
Service, Robert F. "Synthetic Microbe Lives with Fewer than 500 Genes." March 24, 2016. *Science*, Sciencemag.org.
Shapiro, Beth. *How to Clone a Mammoth: The Science of De-Extinction*. April 2015. Princeton University Press.
Siberian Times. "South Koreans kick off efforts to clone extinct Siberian cave lions." March 4, 2016.
Singer, Emily. "The Personal Genome Project." January 20, 2006. *MIT Technology Review*.
Stanganelli, Joe. "Interference; a CRISPR Patent Dispute Roadmap." January 9, 2017. Bio-itworld.com.
Stein, Rob. "Disgraced Scientist Clones Dogs, and Critics Question His Intent." September 30, 2015. *All Things Considered*, NPR.
Switek, Brian. "How to Resurrect Lost Species." March 11, 2013. *National Geographic*.
Tahir, Tariq. "Preserved Woolly Mammoth with Flowing Blood Found for First Time, Russian Scientists Claim." May 29, 2013. Metro.com.
Wade, Nicholas. "Regenerating a Mammoth for 10 Million." November 19, 2008. *New York Times*.
Wade, Nicholas. "2 New Methods to Sequence DNA Promise Vastly Lower Costs." August 9, 2005. *New York Times*.
Wilmut, Ian. "Produce Woolly Mammoth Stem Cells, Says Creator of Dolly the Sheep." August 1, 2013. *Scientific American*.
Wolf, Adam. "The Big Thaw." September 2008. *Stanford Alumni* magazine.
"South Korean geneticists to try to clone extinct Siberian lions." March 6, 2016. RT.Com.
"The Alta Summit, December 1984." Human Genome Project Information Archive. Web.orni.gov.